기후 변화 쫌 아는 10대

기후 정의의 메아리로
기후 위기에 답하라

초판 1쇄 발행 2020년 6월 25일
초판 7쇄 발행 2022년 2월 10일

지은이 이지유
펴낸이 홍석
이사 홍성우
인문편집팀장 박월
편집 박주혜
디자인 방상호
마케팅 이송희 · 한유리 · 이민재
관리 최우리 · 김정선 · 정원경 · 홍보람 · 조영행

펴낸곳 도서출판 풀빛
등록 1979년 3월 6일 제2021-000055호
주소 07547 서울특별시 강서구 양천로 583 우림블루나인 A동 21층 2110호
전화 02-363-5995(영업), 02-364-0844(편집)
팩스 070-4275-0445
홈페이지 www.pulbit.co.kr
전자우편 inmun@pulbit.co.kr

ISBN 979-11-6172-769-1 44450
979-11-6172-727-1 44080 (세트)

이 도서의 국립중앙도서관 출판예정도서목록(CIP)은 서지정보유통지원시스템(http://seoji.nl.go.kr)과
국가자료종합목록구축시스템(http://kolis-net.nl.go.kr)에서 이용하실 수 있습니다.
(CIP제어번호: CIP2020021473)

※책값은 뒤표지에 표시되어 있습니다.
※파본이나 잘못된 책은 구입하신 곳에서 바꿔드립니다.

과학 좀 아는 십대 09

기후 변화 좀 아는 10대

기후 정의의 메아리로 기후 위기에 답하라

이지유 글 · 그림

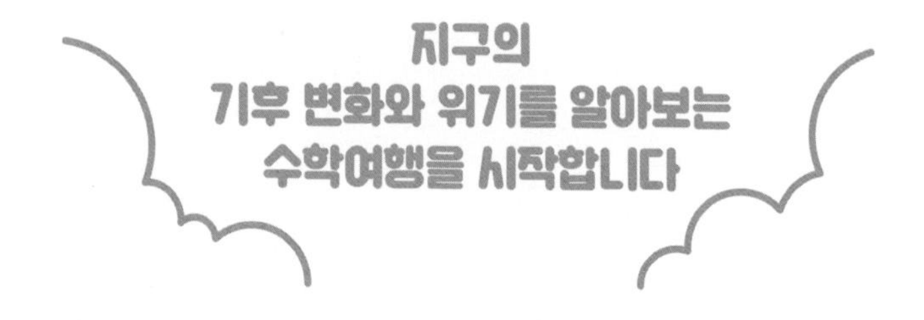

지구의 기후 변화와 위기를 알아보는 수학여행을 시작합니다

승객 여러분, 이 우주선의 최종 목적지이자 은하계 10대를 위한 최적의 수학여행지, 지구에 곧 도착합니다. 모두 지정 좌석에 앉아서 안전벨트를 착용해 주세요. 지구 대기권을 통과해 태평양 한가운데에 착수하기 전까지 지구에 관해 간략한 안내 말씀 드리겠습니다.

지구는 우리은하의 나선팔 변두리에 위치한 태양계의 세 번째 행성으로, 다양한 생명체가 살고 있는 곳입니다. 광합성을 하는 독립영양생물인 식물과 다른 생물을 먹어야 사는 종속영양생물인 동물, 식물도 동물도 아닌 생물이 조화롭게 살고 있는 곳으로 잘 알려져 있습니다.

이렇게 생물이 살 수 있는 이유는 지구를 감싼 얇은 대기층과 지표면의 70퍼센트를 차지하는 물 덕분입니다. 물이 이렇게 많은데 왜 수구라고 하지 않는지 의문입니다만, 뭐 모든 일이 항상 이치에 맞게 풀리는 것은 아니라서 말이죠. 아무튼 대기와 물 덕분에 지구에 다양한 생물이 살 수 있었고, 그 덕분에 지구는 우주에서 가장 인기 있는 관광지가 되었습니다.

지구에서 가장 똑똑한 지적 생명체는 인간이라는 종족입니다. 그런데 인간이 화석연료를 마구 태워서 지구 대기에 이산화탄소를 풀어 놓는 바람에 지구의 기온이 올라가 수많은 생물이 멸종 위기에 놓여 있습니다. 그러니 여러분은 운이 아주 좋은 겁니다. 이후에 오는 수학여행단은 훨씬 더 적은 종류의 생물만을 볼 테니까요.

우리은하연합에서는 인간의 활동으로 지구 생물이 위기에 빠졌다는 것을 벌써부터 알아채고 걱정하고 있었지만, 다른 행성의 생태계에 관여하지 않는다는 철칙이 있어서 아무런 조치를 취하지 않았어요. 하긴 알려 줘도 인간들이 알아들을지 의문이긴 합니다만, 인간 과학자들과 10대 청소년들을 중심으로 기후 위기 개념이 널리 퍼지고 있기는 한 것 같습니다. 아직 갈 길이 멀어 보여도 그저 우리는 열심히 응원할 수밖에 없는 상황이지요.

아, 지구의 기후 변화와 위기 상황에 대해 처음부터 차근차근 이야기해 달라고요? 어머나, 이렇게 지적 탐구심이 높은 손님들이라니! 물론 해 드려야지요.

자, 그럼 지구의 기상과 기후에 대한 이야기를 들려 드릴게요. 준비됐나요?

Contents

3. 기후를 조절하는 요소

4. 기후와 생태계

5. 순배출 제로!

1. 기상과 기후

기상학은 대기와 날씨를 과학적으로 연구하는 학문이야. 온도, 기압, 습도 등 아주 기본적인 정보를 중요하게 여기지. 기후는 기상 자료를 30년 이상 모아 평균한 것이야. 정보를 축적한 기간이 다르다는 점에서 기상학과 기후학은 완전히 다른 학문이지. 물론 해양학, 지질학, 천문학과 함께 지구를 이해하는 학문 분야 중 하나라는 점은 같지만 말이야. 이들을 모두 묶어 지구과학이라고 부르는데, 사실 겹치는 부분이 많아. 또 화학, 생물, 물리, 수학 같은 기초과학을 주요 언어로 사용하기 때문에 기후학을 포함해 지구과학을 연구하려면 폭넓은 지식이 필요해. 무엇보다 전혀 관계없어 보이는 분야의 사실들 사이에서 유사성을 찾고 그것을 새로운 관점으로 보는 창의성이 무척 필요한 학문이야. 자, 그럼 기상과 기후에 대한 자세한 이야기를 들어 볼래?

기상과 기후는 뭐가 다를까?

#기상은_날씨 #기후는_경향성 #자료수집_일관성_예측가능성

기상학이 다루는 날씨는 아침저녁이 다르고, 하루하루 다르고, 계절마다 달라. 하루에 일교차가 10도 이상 나기도 하고, 온대 지방의 경우 겨울과 여름의 기온차가 30도 이상 나기도 하지. 날씨를 좌우하는 요인은 너무나 많아서, 날씨를 정확하게 예측하기는 무척 어려워.

기후는 한 지역에서 30년 이상 쌓인 날씨 정보를 모아 평균한 결과야. 그 지역에서 얻은 기온, 습도, 강수량, 풍향, 풍속, 전선 등에 관한 정보가 곧 기후의 바탕이 되지. 그래서 내일 날씨를 정확하게 맞히기는 어려워도 한 지역의 기후를 예상하기는 그리 어렵지 않아. 기후는 어떤 경향성이나 추이이기 때문이야.

예를 들어, 겨울이면 뜨거운 북태평양 기단이 차가운 시베리아 기단에 밀려 남쪽으로 내려간다든지, 여름이면 어김없이 장마전선이 생기고 장맛비가 오는 것은 누구나 예측할 수 있고 100퍼센트 맞힐 수 있어. 기후를 예상할 수 있기 때문이지. 하지만 장마가 정확하게 어느 날에 시작할지, 그리고 비가 몇 밀리미터나 올지는 확실히 알 수 없어. 이것은 날마다 변하는 날씨, 곧 기상의 범위에 속하거든.

그렇다면 날씨란 무엇일까?

날씨는 간단히 말해서 지구를 둘러싼 공기층에서 벌어지는 일이야. 대기라 불리는 공기층은 너무나 얇아서 태양 빛과 지구 운동의 영향을 크게 받아. 원론적으로는 태양 빛의 변화와 지구의 운동을 정확하게 예측할 수 있다면 날씨도 정확하게 알 수 있어. 하지만 세상일이 다 그렇듯 변수라는 것이 있단 말이지. 변수에는 지표의 성질, 도시의 유무, 그에 따라 변하는 기온과 습도 등 우리가 일일이 확인할 수 없는 요인들을 포함해. 게다가 날씨를 좌우하는 변수들은 하나가 변하면 나머지도 연속적으로 영향을 받아. 도미노 알지? 그것하고 똑같아. 그래서 몇 시간 또는 며칠 뒤에 일어날 날씨 변화를 정확하게 맞히는 것은 너무나 어려울 뿐만 아니라 사실상 불가능하다고 봐야 해.

과학자들은 아주 중요한 전제를 두고 자연을 연구해. 이게 무슨 말인가 하면, 자연은 일관성이 있기 때문에 '열심히 관측해서 자료를 모아 추이를 파악하면 예측 가능하다'는 전제하에 연구를 한다는 뜻이야. 과학 연구의 목적은 자연에서 벌어지는 다양한 현상의 패턴을 알아낸 뒤, 알아낸 결과를 현재

날마다 날씨,
평균하면 기후
평균
1950 기후 2020

일어나는 일에 잘 적용해서 미래를 예상하는 거잖아? 기후학은 이와 같은 자연과학의 연구과정을 아주 잘 보여 주는 분야라고 할 수 있어.

기후 연구의 기본은 자료 수집이야. 자료가 있어야 그것을 바탕으로 연구든 뭐든 할 수 있을 것 아니야? 기상학자들은 제대로 된 자료를 수집하기 위해 최첨단 방식을 사용해. 전 세계 주요 지역에 기상대를 설치해 주기적으로 온도, 기압, 상대습도(습도)를 측정하고, 커다란 풍선에 측정 장치를 달아 하늘로 올려 기본 정보를 수집하고, 기상위성을 띄워 사람의 발이 닿지 않는 열대우림과 같은 오지나 바다 한가운데의 날씨 정보를 수집해.

그런데 말이야, 이렇게 얻은 정보를 바탕으로 지구의 미래를 예측해 보면 너무나 절망적이야. 대기의 이산화탄소 농도는 점점 증가하고 있고, 그로 인한 지구 온난화가 가속되면 북극과 남극의 얼음이 녹아 해수면이 높아져. 이런 일이 실제로 벌어진다면 해발고도가 낮은 땅은 다 바다가 되어 그곳에 살던 사람들은 삶의 터전을 잃을 테고, 농지가 사라지면서 식량 위기가 다가올 거야. 열대우림이 사라지고, 사막화가 가속화되며, 그곳에 살던 생물들이 멸종해 종의 다양성이 사라진다면…? 인류의 미래는 예측할 수 없을 만큼 불투명해. 과학자들은 이런 일이 곧 벌어질 것으로 예상해. 우리의 행동이 바뀌지 않는다면 말이야!

기상 정보를 얻는 방법

#온도계와_기압계 #무인풍선과_인공위성 #세계기상기구_WMO

사람들은 언제부터 날씨에 대한 정보를 기록하기 시작했을까? 인간은 아주 오래전부터 농사를 짓기 시작했기 때문에 날씨 정보를 어딘가에 기록했을 거야. 농사와 날씨는 분리할 수 없는 관계이니 말이야. 하지만 바위나 동물의 뼈에 달의 모양 변화를 기록했던 옛날 사람들이 온도나 기압을 재지는 못했을 거야. 온도계나 기압계를 발명하기 전이었으니까 말이야.

현대적인 의미로 온도를 재고 그것을 기록하려면 온도계가 있어야 해. 온도계는 언제 발명되었을까? 온도계는 1593년 갈릴레오가 발명했고, 기압계는 1643년 이탈리아 물리학자 토리첼리(Evangelista Torricelli, 1608~1647)가 발명했어. 두 사람의 발명품 덕분에 로버트 보일(Robert Boyle, 1627~1691)이 1661년에 기체의 압력과 부피 사이의 관계(보일의 법칙)를 발견할 수 있었어. 기체의 압력이 높아지면 부피가 줄어들고, 압력이 낮아지면 부피가 늘어난다는 반비례관계 말이야. 지금은 누구나 이 관계를 알지만 온도계와 기압계를 발명하기 전에는 이 사실을 과학적으로 증명할 수 없었어. 과학의 발전은 기기나 기술의 발전과 함께 이루어진다는 사실을 증명하는 예라 할 수 있지.

18세기에 이르러 과학자들은 온도계와 기압계를 개선하고 규격화해서 가능한 한 넓은 지역의 기온과 기압 정보를 수집하기 시작했어. 그런데 말이야, 공기는 평평한 지표에만 머무르지 않아. 높은 산을 타고 오르기도 하고 반대로 내려오기도 해. 과학자들은 지표에서 관측한 기온과 기압 정보만 가지고는 대기의 순환을 제대로 이해할 수 없다는 사실을 알았어. 그래서 온도계와 기압계를 가지고 산으로 올라갔지. 그런데 이런 방식으로는 해발 5킬로미터를 넘는 곳은 온도와 기압을 잴 수 없었어. 왜냐하면 해발 5킬로미터 이상인 산이 별로 없거든. 히말라야에 있는 산들을 제외하면 각 대륙에 있는 높은 산은 거의 5킬로미터 이하야. 더 높은 곳의 온도와 기압을 재려면 다른 방법을 써야만 해. 어떻게 해야 할까?

풍선을 이용하는 거야! 기구를 타고 하늘 높이 올라가 기온과 기압을 측정하는 거지. 그런데 기구는 기상학의 발전에

는 매우 도움이 되었지만 그걸 타고 올라가야 하는 과학자들에게는 매우 위험해. 항상 추락할 위험이 있고 너무 높이 올

라가면 산소가 부족해 과학자들의 목숨이 위태로우니까 말이야. 과학자들은 이런 위험을 없애기 위해 무인 풍선에 기기를 넣고 띄워 보낸 뒤, 풍선이 기압차 때문에 터져 지상에 떨어지면 그것을 회수해 대기 정보를 얻었어. 정말 머리가 좋지? 꼭 사람이 기기에 타야 할 필요가 없는 거야. 이 방법을 생각해 낸 과학자들은 스스로를 자랑스러워하며 지금도 높은 대기의 상태를 파악할 때는 무인 풍선을 써. 물론 풍선이 터지고 떨어진 기기를 찾아내기가 아주 쉽지는 않지만 말이야.

1920년대에는 라디오존데(radionsonde)를 풍선에 달아서 띄워 보냈어. 라디오존데는 기온과 기압을 측정하는 기구에 라디오송신기를 달아 만든 관측기기 꾸러미야. 기온과 기압을 측정하는 즉시 자료를 송신하기 때문에 편리하고, 그리 비싸지 않으면서도 정보를 모으기에 좋다지 뭐야. 오늘날 전 세계 기상관측소에서는 하루에 두 번 라디오존데를 띄워 지구 대기의 상태를 파악하고 있어.

과학자들은 이에 만족하지 않고 비행기에 관측기기를 실어 상층 대기의 정보도 얻었어. 또 기상레이더를 이용해 구름의 위치와 이동 경로를 추적하고 있지. 요즘은 이렇게 알아낸 기상 정보를 공유하는 앱도 있어서 과학자가 아니어도 누구나 구름의 위치를 파악할 수 있단다.

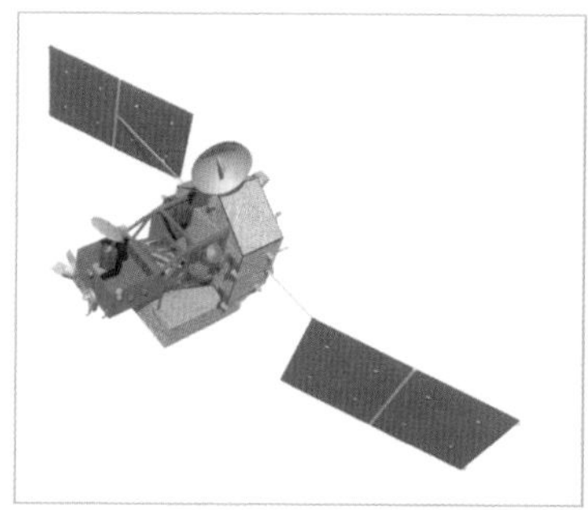

1-1(좌) 이 인공위성을 보렴. 기온, 습도, 강수량 등 사람이 직접 측정할 수 없는 열대 바다의 수많은 정보를 알아내는 엄청난 임무를 띤 고마운 위성이야. (출처: NASA)
1-2(우) 2005년 7월 쿠바를 강타한 허리케인 데니스를 내려다본 사진이야. 누가 찍었냐고? 누군 누구야, 인공위성이지. (출처: NASA)

그렇다면 사람이 아무리 열심히 노력을 해도 사람의 발이 닿지 않는 열대우림, 바다, 툰드라, 사막의 구름 분포와 강수량은 어떻게 측정할까? 바로 인공위성을 이용해. 나사(NASA; 미국국립항공우주국)에서는 열대 강수 측정 임무 위성을 띄우고 남북위 35도 사이를 감시하고 있어. 지구 강수의 많은 부분이 열대 바다에서 일어나는데, 사람은 직접 그곳에서 기온, 습도, 강수량 등을 측정할 수 없어. 이를 대신 알아내는 것이 인공위성의 임무란다.

이렇게 다양한 방법으로 얻은 정보는 폭풍을 감지해서 경보를 울려 피해를 줄이는 날씨 예보는 물론이고, 가뭄 현황을 파악해 농사에도 도움이 되도록 중장기 계획을 세우는 일에도 도움이 돼. 나아가 기후 변화를 연구하는 데 아주 중요한 바탕이 되고 있어.

그런데 날씨 예측은 어느 한 나라만의 임무일까? 혹은 개별 나라가 독립적으로 측정할 수 있는 영역일까? 날씨를 정확하게 예측하려면 전 세계 국가가 합심해야 해. 이런 일을 하는 국제기구가 있어. 세계기상기구 WMO(World Meteorological Organization)는 날씨 및 기후와 관련한 연구와 활동을 목적으로 설립된 국제기구야. 이 기구에 가입한 187개국은 각 나라가 관측한 기상 정보를 모두 공개해 공유하고 있어. 보다 정확한 날씨 예보를 위해서는 전 지구의 관측 자료가 필요하기 때문이지. WMO는 수백 개의 자동 관측 해양관측용 부이(해상상의 기온과 기압을 재기 위해 물에 띄어 놓는 기구), 수천 대의 비행기, 10여 개의 인공위성, 1만 곳이 넘는 지상 관측소, 7000여 대의 선박들이 관측한 자료를 공유해. 날씨 예보를 위해 전 세계가 협력하는 거야. 대단하지?

지구 시스템 4인방

#지구4인방_지권_대기권_수권_생물권 #상호작용하는_지구시스템

지금부터 지구인이라면 반드시 알아야 할 상식을 말해 줄게. 이 정도는 알아야 외계인들이 와서 지구에 대해 물을 때 막힘없이 설명할 수 있다는 점만 강조할게. 자, 그럼 들어 봐.

지표면은 크게 네 부분으로 나눌 수 있어. 과학자들은 이를 권(sphere)이라고 하는데, 지권, 대기권, 수권, 생물권이 그것들이야. 지권은 육지를, 대기권은 지구를 감싸는 기체가 있는 부분을, 수권은 물로 덮인 부분을, 생물권은 모든 생물이 서식하는 부분을 이르는 말이야. 각 권은 칼로 무를 썰듯 깔끔하게 나눌 수 없고 서로 복잡한 관계 속에 놓여 있는데, 각 권과 권 사이의 상호작용 관계를 통틀어 지구 시스템이라고 해.

사실, 시스템이라는 용어는 뭐라고 딱 정의하기가 참 힘들어. 외래어잖아. 그런데 말이야, 뭐든 혼자서 또는 한 가지 물체가 시스템을 이룰 수는 없다는 점이 중요해. 시스템은 그것이 무엇이든 여러 개가 상호작용하는 상태야. 이렇게 설명해도 어려운 건 마찬가지네. 그럼 계속할게.

지권은 지표에서부터 지구 중심에 이르는 모든 부분을 일

컬어. 지구 내부는 구성 성분에 따라 중심에서부터 핵, 맨틀, 지각으로 나눌 수 있어. 핵은 밀도가 아주 높고, 위에서 맨틀과 지각이 내리누르는 압력 또한 매우 크며, 온도는 5000도가 넘을 정도로 높아. 그 위에 있는 맨틀은 온도가 2000~3000도에 이르러. 가장 바깥쪽에는 지각이 있고 지각 중에서도 대기와 맞닿은 지표는 비, 바람, 생물의 영향을 가장 많이 받는 곳이야. 아주 변화무쌍한 곳이지.

대기권(기권)은 지구를 둘러싼 기체가 있는 부분이야. 우리는 대기가 무척 두껍다고 여기지만 우주에서 지구를 바라보면 대기가 있는지 없는지 알 수 없을 정도로 얇아. 얼마나 얇으냐면 지구의 반지름이 6400킬로미터인 것을 생각하면 지구 반지름의 213분의 1에 불과할 정도야. 게다가 대기의 99퍼센트는 바다 표면에서 30킬로미터 높이에 모여 있어. 이렇게 얇은 대기층이지만 이 기체가 없으면 생물은 숨을 쉴 수 없고, 태양에서 오는 자외선을 막을 수 없어. 지구에 사는 생물 입장에서는 아주 중요한 지구의 한 부분이야. 대기권은 지표로부터 상공으로 차례로 대류권, 성층권, 중간권, 열권으로 나눌 수 있어.

대기와 지표 사이에는 끊임없는 열교환이 이루어지는데, 이 때문에 '날씨'라는 현상이 생겨. 대기가 없다면 날씨 변화

도 없는 거야.

수권은 지구를 덮고 있는 물을 이르는 말인데, 지구가 파랗게 보이는 것도 지구 표면의 70퍼센트를 차지하는 바닷물 덕분이야. 그러니 땅 지(地) 자를 써서 지구라고 부를 것이 아니라 물 수(水) 자를 써서 수구라고 불러야 더 적합할지도 몰라. 물의 분포를 보면, 바닷물은 지구에 있는 모든 물의 97퍼센트를 차지해. 나머지 3퍼센트는 구름, 하천, 빙하, 호수, 지하수인데, 양은 적어도 날씨에 아주 중요한 역할을 해.

물은 아주 역동적으로 순환해. 바다의 물이 대기로 증발해서 구름이 형성되고 구름이 육지로 가서 비가 되어 내리면, 비는 땅 위로 흐르거나 땅속을 지나 다시 바다로 돌아오는 순환을 하지. 물은 극지방에서는 얼음이 되어서 오랜 시간 바다로 돌아가지 않고 머무르기도 해. 기온에 따라 기체, 액체, 고체로 상태가 바뀌기 때문에 물은 기상현상에 매우 중요한 역할을 하지. 바다에서는 북극에서 시작해 온 대양을 지나 다시 북극으로 돌아오는 지구 규모의 순환 흐름이 있어서 깊은 바닷물이 뒤섞여.

생물권은 지구상에 있는 모든 생물을 이른다고 했지? 바다에 사는 생물은 주로 햇빛이 스며드는 비교적 얕은 곳에 몰려 있고, 땅속에 사는 생물은 지하 수 미터를 넘지 않은 곳에서 생활하며, 새들도 지상에서 1킬로미터 이상 높은 곳으로 웬만해선 가지 않아. 그러니 지구상의 생물들은 지표에 딱 붙어서 산다고 보면 돼. 하지만 온도가 매우 높거나 낮은 곳, 산소가 없는 곳, 강한 산성이나 염기성 물질이 있는 곳, 나아가 지하 4킬로미터 지점에 사는 미생물도 있어. 정말 놀랍지?

생물은 대기와 물과 땅을 생존에 이용하기도 하지만 반대로 그것들에 영향을 주기도 해. 예를 들어, 오늘날 대기의 5분의 1을 차지하는 산소는 20억 년 전 바다에 살았던 시아노박테리아가 광합성을 한 결과 생겼어. 만약 지구에 생물이 없었다면 지구의 모습은 지금과 많이 다를 수도 있지. 생물권, 지권, 수권, 대기권은 모두 긴밀한 영향을 주고받으며 오늘날 지구를 만든 거야. 날씨와 기후 역시 이와 같은 상호작용으로 생긴 결과야.

상호작용하는 기후 시스템

#수분과에너지_교환 #고기후학과_코어 #분석은_산소동위원소로

사람들이 언제부터 기후를 중요하게 여겼을까? 놀랍게도 정말 얼마 되지 않았어. 20세기에만 하더라도 기후에 관한 일은 과학자들만 생각하는 분야였고, 과학자들조차 기후에 대해서는 "빙하기를 일으킨 원인은 무엇일까?" 같은 질문만 했지 실생활과 기후가 어떤 연관이 있는지는 생각하지 않았어.

하지만 기온이 올라 바닷물이 팽창하고 거기에 빙하가 녹은 것까지 더해져 사람이 살던 땅이 바다에 잠기자 뭔가 문제가 생겼다는 것을 알았어. 거기에 북극곰이 서식지를 잃고 굶어 죽는다는 기사가 자꾸 나오니 지구 온난화로 인한 기후 변화에 경각심이 생기기 시작했지. 급격히 변하는 기후가 가까운 미래에 인간의 삶에 악영향을 끼치리라는 점을 이제야 알아차린 거야.

뭔가 큰일이 벌어져 피해를 입으면 그제야 사태의 심각성을 깨달아. 그렇지만 그게 소 잃고 외양간을 고치는 일이라 해도, 기후 변화에 관심을 가지는 것은 아주 중요해. 인간의 행동 하나하나가 미래의 기후에 영향을 주기 때문에 그간 어떤 일을 했는지 돌아볼 동기가 되니까. 더불어 앞으로 어떻게 외양간을 고칠지도 고민할 수 있고 말이야.

기후는 대기만이 활동 무대가 아니고 지구 전체를 아우르는 큰 틀에서 벌어지는 일이야. 지구의 모든 생물은 대기를 포함해 다양한 환경과 복잡한 상호작용을 하며 살아가는데, 그중 대기는 지구 시스템의 중심이라 할 수 있어. 유동성이 있는 기체가 수증기와 에너지를 지구 곳곳에 분배하기 때문이지. 무엇보다 모든 생물은 호흡을 해야 하는데, 호흡하는 과정에는 반드시 기체가 필요해. 물속에서 아가미로 숨을 쉬는 수중 생물에게조차 물속에 녹아 있는 산소가 중요하듯이 말이야.

기후 역시 대기권, 수권, 지권, 생물권, 설빙권이 서로 영향을 주고받는 시스템으로 이해해야 해. 대기권, 수권, 지권, 생물권까지는 알겠는데, 갑자기 설빙권? 그래, 맞아, 갑자기. 예전에는 얼음을 물의 한 상태로 보고 빙하와 얼음을 수권에 포함시켰는데, 기후에 관심을 가지면서 그 둘을 별도로 생각해야 할 만큼 중요하다는 것을 알게 되면서 지구 시스템에 설빙권이 추가되었지. 설빙권에 관해서는 다시 자세하게 설명할게.

기후 시스템의 핵심은 다섯 권역 사이에 일어나는 수분과 에너지 교환이야. 에너지와 물을 주고받으며 각 권역의 상태가 변하는데, 아주 천천히 장기적으로 일어나는 것이 정상이야. 그래서 기후의 경향성을 읽을 수 있고, 기후는 예측 가능하다는 말이 나온 것이지.

그러나 과거의 기후를 알아내는 것은 말처럼 쉽지 않아. 대기의 조성과 상황을 알아내는 첨단 기기는 아주 최근에 개발되었기 때문에 기록된 시기가 짧아. 그래서 과학자들은 간접적인 증거로 과거의 기후를 알아내려고 노력하지. 이런 분야를 '고기후학'이라고 해.

1-3 이 거대한 공간이 바로 코어 저장소야. 20만 년 이상의 기후 정보를 품은 대단한 기록 장치이지. (출처: 위키피디아)

고기후학을 연구하는 과학자들이 가장 좋아하는 연구 대상은 해저 퇴적물에 포함된 작은 생물의 껍데기야. 우선 과학자들은 바다 밑 퇴적층을 지름 10센티미터인 긴 기둥 모양으로 파내는데, 이런 기둥을 '코어'라고 해. 코어에는 유공충의 껍데기, 화산재, 홍수에 떠내려온 육지의 흙 등이 포함되어 있어. 과거의 사건이 기록된 기둥이라 할 수 있지. 과학자들은 이 기둥을 어떻게 분석할까?

동위원소라고 들어 봤니? 원자번호는 같은데 질량수가 서로 다른 원소 말이야. 양성자 수는 같은데 중성자 수가 달라서 무게가 다르지. 산소(O)동위원소에는 ^{16}O와 ^{18}O가 있어. 숫자가 말해 주듯 ^{16}O가 더 가볍고 ^{18}O가 더 무겁지. 바닷물 분자에는 두 가지 산소 원자가 모두 포함되어 있어. 바닷물이 증발할 때는 가벼운 ^{16}O가 포함된 물분자가 더 많이 증발하기 때문에 비나 빙하에는 가벼운 ^{16}O가 더 많이 들어 있어. 그 결과 빙하기가 오면 바다의 ^{18}O 농도는 더욱 높아져. 가벼운 산소 원자가 빙하로 옮겨 갔으니까.

유공충은 해수면 근처에 사는 아주 작은 생물로 껍데기에는 바닷물의 산소 원자가 포함되어 있어. 그러니 빙하기 때 살았던 유공충의 껍데기에는 무거운 ^{18}O가 더 많이 들어 있을 수밖에 없을 거야. 과학자들은 이처럼 산소동위원소의 변화 추이를 보고 빙하기와 간빙기를 구분해.

대기와 해수면은 맞닿아 있기 때문에 온도가 거의 같아. 기온이 높으면 가벼운 산소 원자는 증발하고 해수에는 무거운 산소 원자가 남아. 유공충의 화석은 기온의 작은 변화도 알려 줄 수 있어. 과학자들은 해저 퇴적물 코어에서 얻은 결과를 들고 극지방으로 갔어. 거기서 빙하 코어를 채취해 결과를 비교해 볼 생각인 거지. 결과는 어떨까?

지구가 기후를 기록한다고?

#코어속_빙하는_타임머신 #고기후4총사_나이테_씨앗_석순_산호

앞서 말했듯이 빙하 코어는 과거의 기후를 되짚어 보는 데 아주 중요한 자료야. 그린란드와 남극 대륙의 빙하에서 채취한 코어 덕분에 과학자들은 기후 시스템이 어떤 방식으로 작동하는지 보다 잘 알 수 있었어. 그런데 빙하 코어는 도대체 어떻게 손에 넣을까?

빙하 코어를 채취하는 방법은 간단해. 속이 빈 굴대를 얼음 속으로 넣어서 얼음 기둥을 꺼내 오는 거야. 물론 말은 간단하지만 이런 기계를 뚝딱 만들 수는 없어. 기술 발달 없이 이런 기계를 만들 수는 없으니까. 과학자들은 2000미터가 넘는 코어를 추출하기도 하는데, 이 정도 길이면 20만 년 이상의 기후 정보를 품고 있어. 그러니 빙하 코어는 어떤 컴퓨터도 따라갈 수 없는 대단한 기록 장치인 셈이야.

그럼 이 코어를 어떻게 연구할까? 얼음 속에는 아주 작은 공기 방울이 갇혀 있어. 이 공기 방울은 과거의 공기 그 자체야. 공기를 얻는 방법도 쉬워. 밀폐된 공간에서 코어를 녹이기만 하면 되거든. 과학자들은 코어 안에 있는 공기의 성분을 조사해 과거 대기의 조성이 어떻게 변해 왔는지를 알아냈어. 가장 중요한 것은 이산화탄소와 메탄의 농도야. 게다가 화산재, 꽃가루, 먼지 등이 포함되어 있어서 당시 어떤 자연 변화가 있었는지도 추측할 수 있지. 코어 속에 든 빙하는 진짜 타임머신인 셈이야.

과거 지구의 온도 변화는 산소동위원소 분석을 통해 알 수 있어. 원리는 앞서 말한 것과 같아. 코어의 어느 부분에 무거운 산소와 가벼운 산소가 어떤 비율로 섞여 있느냐에 따라 온도를 알 수 있지. 다시 한 번 확인해 볼까? 1000년 전 만들어진 빙하 코어에서 가벼운 산소동위원소 ^{16}O가 상대적으로 많다면, 저 먼 바다에서 증발이 많이 일어났다는 뜻이니 지구의 기온이 비교적 높았다는 것을 알 수 있어. 지구의 기온이 전체적으로 높으면 온대 지방에 있는 나무들이 아주 잘 자랐을 거야. 만약 1000년 전 나무들이 잘 자랐다는 증거만 얻을 수 있다면 빙하 코어에서 얻은 온도 변화 정보는 더욱 믿을 수 있겠지?

그래서 과학자들은 온대 지방에 사는 나무의 나이테를 아주 중요하게 여겨. 나무의 나이테는 온대 지방의 과거 기후를 재정립하는 데 아주 중요할 뿐만 아니라 지구 전체 기후를 완성하는 퍼즐 한 조각과 같기 때문이야.

자, 그럼 나이테가 왜 중요한지 이야기해 볼게. 온대 지방의 나무는 여름에 집중적으로 활동하고 겨울에는 쉬는 일을 반복하는데, 이 패턴은 나이테에 고스란히 저장돼. 나무가 성장 활동을 활발히 할 때는 나이테의 폭이 넓고 밀도가 높은 반면, 활동이 주춤할 때는 나무테의 폭이 좁고 밀도가 낮지. 과학자들은 나이테의 폭과 밀도로 기후 패턴을 읽어 내지. 이런 정보를 얻으려고 나무를 베는 건 나쁘다고? 물론 나쁘지. 그래서 나이테를 연구할 때는 살아 있는 나무를 베지 않고, 가느다란 코어 샘플을 채취해서 활용해.

과학자들은 한 지역에 있는 나무들의 나이테 코어를 가능한 한 많이 채취한 뒤, 같은 패턴을 찾아 이어 붙여 나이테 연대기를 만들어. 이렇게 만든 나이테 연대기는 인간의 역사 시대 만큼 구축되어 있어. 인간이 대부분 온대 지방에서 산다는 점을 생각하면 나이테 코어는 기후와 역사적 사건 사이에 어떤 상관관계가 있는지 살필 수 있는 좋은 자료인 셈이야.

예를 들어, 탐보라 화산이 터졌을 때 지구의 기온이 내려가고 햇빛이 차단된 탓에 흉작이 들어 많은 사람이 굶어 죽었지만, 당시 사람들은 흉작의 원인이 화산이라는 사실을 모른 채 이 사실을 기록에 남겼어. 그런데 과학자들이 나이테를 조사하다 보니 기근이 들었던 시기에 나이테의 폭이 좁고 밀도도 높지 않다는 사실을 발견한 거야. 이것은 햇빛이 부족해 식물이 광합성을 하지 못해 생긴 결과야. 그래서 화산이 기근에 결정적인 원인을 제공했다는 사실을 알게 되었지.

기후는 식물의 생장에 아주 많은 영향을 주기 때문에 식물에 대한 정보를 얻는 것은 기후를 아는 것과 같아. 안타깝게도 식물의 부드러운 부분은 시간이 흐르면 대부분 부패해서 사라지지만 꽃가루와 홀씨는 아주 단단한 껍데기에 싸여 있어 웬만해선 부패하지 않고 부서지지도 않아. 그래서 퇴적물에 아주 풍부하게 포함되어 있지. 과학자들은 연대를 확실히 알 수 있는 퇴적암 속에 포함된 꽃가루와 씨앗을 찾아 당시 식물과 기후를 연구해.

온대 지역의 고기후를 알 수 있는 것으로 석회동굴의 석순도 있어. 석순에는 지하수에 섞인 산소동위원소가 포함되어 있는데, 지하수의 양은 그 지역의 강수량과 깊은 관계가 있

고기후 4총사
나이테
산호
석순
씨앗

어. 따라서 석순의 산소동위원소 함량을 조사하면 강수량의 적고 많음을 시간순으로 알아낼 수 있지. 뭐? 좀 더 자세히 설명해 달라고? 알았어, 알았어.

그러니까 이게 무슨 말인가 하면, 비가 많이 온다는 것은 대기 중에 수증기가 많다는 뜻이고, 대기 중에 수증기가 많다는 것은 바다의 증발량이 많다는 뜻이야. 이건 또 온도가 높다는 뜻이기도 하지. 그러면 해수면에서 가벼운 산소 ^{16}O가 많은 수증기로 바뀌고 그것이 비구름이 되어 육지로 올라와 비를 뿌릴 거야. 그리고 그 물이 지하로 스며들어 종유석이나 석순의 일부가 되겠지? 그러니 종유석이나 석순을 층을 내어 성분을 조사했을 때, ^{16}O가 많은 층은 장마처럼 비가 많이 오는 때이고 ^{16}O가 적은 층은 강수가 적은 때라는 뜻이지. 우리나라처럼 여름에 장마가 오는 기후를 몬순기후라고 하는데, 이 기후대에 있는 지역에 과거에 홍수와 가뭄이 있었는지 가늠할 수 있어. 석회동굴이 이런 역할을 하는 건 몰랐지?

열대 지역의 산호 역시 좋은 자료가 될 수 있어. 산호는 바닷물에서 물질들을 모아 탄산칼슘을 만들기 때문에 산호의 단단한 부분에는 과거에 산호가 자라던 때의 산소동위원소가 들어 있어. 그러니 깊이별로 산호의 화학성분을 조사하면 당시 수온을 설명하는 좋은 자료를 얻을 수 있지. 아, 깊이 들어

갈수록 과거라는 것쯤은 예상하지?

역사 자료 역시 기후를 알려 주는 단서야. 물론 과거에는 기후라는 개념이 없었기에 주로 가뭄, 폭풍, 홍수, 눈보라처럼 사람들에게 피해를 주는 일을 기록해 놓았지만 말이야. 현대의 과학자들은 이런 기록을 과학 자료들과 비교해서 신뢰성이 높은 기후 정보를 구축하려고 노력하고 있어. 과거를 잘 알아야 미래도 잘 예측할 수 있으니까.

갑자기 설빙권

#음의되먹임을_위해 #툰드라가녹으면_온실가스의주범

지구 기후 시스템에는 설빙권이 포함되었다고 앞서 얘기했지. 눈이 녹으면 물이 되는데 뭐하러 나누느냐고 할지도 몰라. 하지만 뭔가 다르니까 나눈 것 아니겠어? 눈과 얼음은 말이야, 물이 할 수 없는 일을 해. 물은 일정한 모양이 없지만 얼음은 아주 단단해서 고체가 하는 역할을 해. 그래서 기후 시스템 중 하나로 따로 분리해서 생각하는 거야. 어떤 역할이냐고? 조금만 기다려 봐.

설빙권은 지표에서 물이 고체 상태로 존재하는 곳이야. 눈,

빙하, 해빙, 담수 얼음, 영구 동토 등이 여기에 속하는데, 설빙권은 사람의 발길이 닿기 힘든 곳이기 때문에 관측하기가 쉽지 않아. 생각해 봐. 북극, 남극, 알프스 산꼭대기, 이런 곳은 사람이 살기에 적합하지 않잖아? 다행스럽게도 이제는 위성 기술의 도움으로 설빙권을 연구하기 쉬워졌어.

한 해에 눈이 지표를 얼마나 덮는지 알아? 전체 지표면 중 무려 33퍼센트를 뒤덮어. 그중에서 98퍼센트는 북반구를 덮지. 이건 당연한 일이야. 남반구에는 땅이 별로 없으니 말이야. 북반구 강수의 대부분은 눈 녹은 물이야. 우리나라는 물론이고 3000미터가 넘는 산이 있는 곳은 한 해 강수량의 60퍼센트 이상을 눈이 차지해. 그러니 눈이 오지 않으면 물 부족을 겪을 수밖에 없어.

빙하는 눈이 쌓이고 쌓여 압축된 후 압력으로 재결정화 작용을 거친 두꺼운 얼음으로, 땅 위에 생긴 것을 이르는 말이야. 육지의 10퍼센트가 빙하로 덮여 있는데, 주로 남극과 그린란드에 있어. 자, 이제부터 얼음만이 할 수 있는 일을 이야기할게.

빙하는 가만히 있지 않고 중력의 영향을 받아 낮은 곳으로 아주 천천히 움직여. 사람들은 빙하가 움직인다는 사실을 몰랐지만 과학자들은 빙하에 쇠막대기를 꼽아 주기적으로 위치를 추적했어. 그랬더니 아주 천천히 움직이지 뭐야. 그뿐만이 아니야. 빙하는 움직이면서 땅을 긁고 내려가기 때문에 계곡에 수평으로 기다란 자국을 남겨. 가끔은 사막에서도 이런 지형을 볼 수 있는데, 그곳에 예전에는 빙하가 있었다는 증거인 셈이지. 빙하는 이렇게 오랜 시간이 흘러도 남을 강한 흔적을 남겨.

북극의 얼음은 빙하가 아니라 해빙이라고 해. 바닷물이 얼어서 생긴 거대한 얼음덩어리라는 뜻이지. 북극에는 대륙이 없어. 그러니 북극의 해빙이 녹으면 북극은 바다 위 어딘가에 있는 셈이야. 인류는 북극에 있는 거대한 해빙이 녹은 것을 본 적이 없기 때문에 마치 대륙 같은 느낌을 받곤 해. 사실, 북극곰을 비롯해 수많은 해양 포유류와 새들에겐 북극의 해빙이 땅이나 마찬가지야. 해빙이 사라지면 이 동물들의 보금자리도 사라지고 말아.

해빙과 빙하는 햇빛을 우주로 반사해서 지구가 더워지는 것을 막는 역할을 해. 이건 정말 중요한 일이야. 지구가 더워지는 것을 막는 가장 확실한 방법이거든! 만약 해빙과 빙하가 녹아 지금보다 얼음의 크기가 작아지면 지구는 훨씬 더워질 거야. 그 결과 해빙이 더 많이 녹는 악순환이 이어지지. 이런 상황을 '되먹임'이라고 하는데, 이렇게 효과가 계속 커지는 방

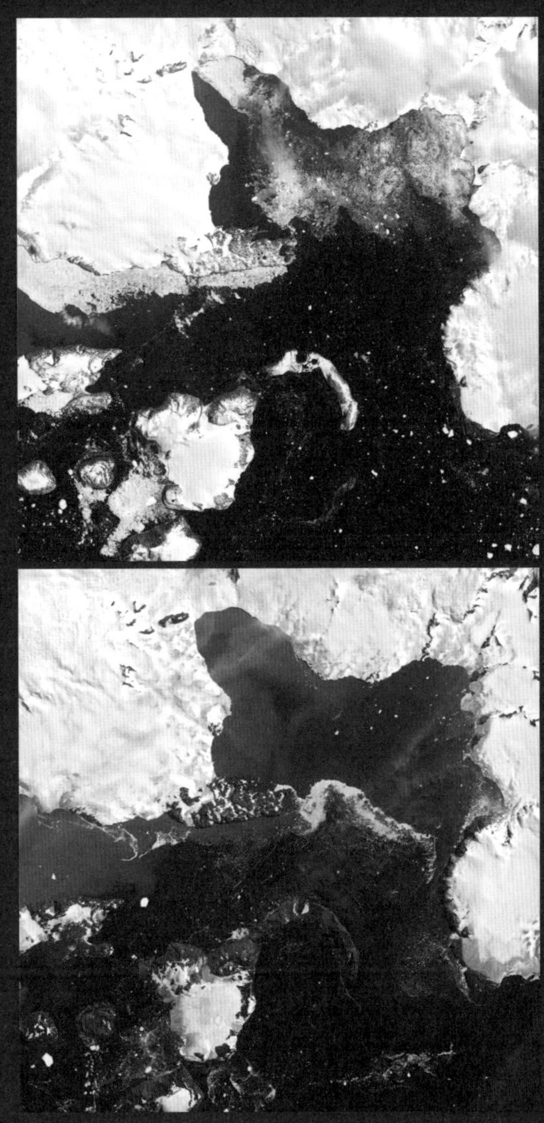

1-4 지난 2020년 2월 6일 남극 대륙은 가장 뜨거운 온도를 기록했어. 그로 인해 쉬 녹지 않는다고 하는 남극의 해빙이 녹았지. 사진은 2월 4일과 13일에 남극의 해빙을 관측한 기록이야. 이 짧은 기간 동안 육안으로도 확인할 수 있을 만큼 얼음이 녹았지. (출처: NASA)

향으로 작용하는 것을 '양의 되먹임'이라고 해. 만약 해빙이나 빙하가 그대로 유지되면 온실가스로 인해 기온이 오르는 것을 막을 수 있을 거야. 이럴 때는 '음의 되먹임'이 작용한다고 하지.

툰드라는 적어도 2년 이상 영하의 기온을 유지해서 땅 밑 1미터 층이 얼어 있는 곳이야. 북반구 지표의 24퍼센트를 차지하는 툰드라는 그 안에 수많은 유기물을 언 채로 간직하고 있어. 1미터 아래에 있는 영구 동토층이 녹기 시작하면 유기물이 부패하면서 이산화탄소와 메탄가스가 대기 중으로 방출될 수밖에 없는데, 이들은 매우 강한 온실가스야. 결국 지구 온난화에 양의 되먹임으로 작용해 영구 동토층이 더욱 빨리 녹는 악순환이 이어질 거야.

그동안 영구 동토는 아무 쓸모가 없다고 여겨져 개발하려고 해 왔어. 영구 동토는 그 자체로 가치가 있는 땅인데 그걸 몰랐던 거지. 하지만 이제는 시야를 좀 더 넓혀 이 넓은 지역이 지구 기후 시스템에 어떤 영향을 주는지 심도 있게 알 필요가 있어.

오스트레일리아를 제외한 모든 대륙에는 높은 산 위에 고산빙하가 있어. 알프스, 에베레스트, 로키, 안데스, 히말라야 등 높은 산에는 1년 내내 녹지 않는 만년설이 있고, 그것이 다져져 생긴 빙하가 있지. 지구상의 담수 중 70퍼센트는 이런 얼음의 형태로 있어.

설빙권은 인간이 살기 어려운 곳에 있어서 그동안 연구를 많이 하지 못했어. 하지만 지구의 기후를 이해하려면 반드시 알아야만 하는 곳이야. 지구를 식힐 방법은 설빙권을 지키는 길밖에 없으니까!

2. 지구의 기후대

지구는 둥글어서 태양에너지를 균일하게 받을 수 없어. 태양이 머리 위에 뜨는 적도 지방에서는 아주 센 에너지를 받고, 태양이 지평선 근처에 머무는 극지방에서는 약한 에너지만 얻지. 그 결과 지구 표면에는 각기 다른 기후대가 나타나. 게다가 지표는 땅, 바다, 얼음, 숲 등 다양한 물질로 이루어져 있으면서 서로 영향을 주고받기 때문에 아주 다양한 기후대가 나타나. 기후 위기라고 불리는 상황을 이해하려면 원래 기후가 어떠했는지 아는 것이 중요해. 자, 그럼 지구의 개성 만점 기후대로 여행을 떠나 볼까!

고대 그리스인의 기후 구분

#둥근_지구_불평등한_태양에너지_기후구분의_원인

날씨를 알려 주는 앱을 열면 가장 크게 나오는 표시는 기온과 강수 여부야. 우리가 일기 예보를 보거나 들을 때 가장 주의를 기울이는 사항도 기온과 강수고 말이야. 이건 왜 그럴까? 당연히 이 두 가지 기상 요소가 우리 생활에 가장 큰 영향을 미치기 때문이야.

그래서 기상학자들은 기온과 강수를 세계 곳곳의 장소를 대표하는 요소로 두고 오랜 기간 자료를 모았어. 그렇게 모은 자료를 보니 위도에 따라 차이가 난다는 사실을 알게 되었지. 예를 들어, 적도 근처에 있는 지역은 1년 내내 더워 얼음이 얼지 않고, 반대로 북극 근처 지역은 얼음이 녹지 않아. 그 사이에 있는 지역에서는 사계절이 생기고 말이야. 남반구도 마찬가지야. 북반구를 딱 복사해서 붙여 놓은 것과 같지.

가만히 생각해 보면 적도 지역이라도 아침저녁으로 기온이 다르고 약간의 계절 변화는 있어. 북극이나 남극도 마찬가지야. 하지만 적도에는 눈이 오지 않고, 북극과 남극에는 항상 눈과 얼음이 있고, 그 사이 지역에는 사계절이 있다는 사실은 변하지 않아. 그리고 언제 여름이나 겨울이 시작될지 예측할 수도 있지. 지역마다 예상 가능한 경향성이 있는 거야. 이것을 기후라고 한다는 것, 이제 설명 안 해도 알겠지?

이와 같은 경향성을 처음으로 알아챈 사람들은 고대 그리스인들이야. 온도계나 기압계가 없어도 경향성을 읽어 낼 수 있었던 거지. 그리스인들은 앞서 설명한 것처럼 각 반구를 세 부분으로 나누고 겨울이 없는 열대 지역, 여름이 없는 한대 지역, 두 지역의 특성을 모두 가진 온대 지역으로 구분했어. 처음으로 한대, 온대, 열대로 기후 분류를 시도했던 거야.

아마 그리스인들이 지중해 근처에 가만히 있었다면 이런 사실을 몰랐을 거야. 그들은 자신들의 발이 닿는 곳이라면 어디든지 가서 그 지역의 자연을 직접 경험하거나 자료를 수집해서 이런 사실을 알아냈어. 물론 그 과정이 모두 평화롭지는 않았겠지만 말이야. 그럼에도 불구하고 어떤 경향성을 파악하려면, 부지런히 자료를 모으는 것이 시작임을 잘 알려 주는 예라 할 수 있어.

지구의 기후대가 크게 한대, 온대, 열대로 나뉘는 이유는 두 가지야. 첫째는 태양이고, 둘째는 지구가 둥글기 때문이야. 지구는 거의 모든 에너지를 태양으로부터 공급받아. 그런데 지구는 납작한 판이 아니야. 공처럼 생겼기 때문에 태양에

너지를 직각으로 받는 곳이 있고 비스듬히 받는 곳이 생기지. 적도에선 머리 위에 이글이글 타는 태양이 있고 북극권에 가면 태양이 항상 지평선 근처에 있는 것은 지구가 둥글기 때문인 거야.

이렇게 태양에너지를 받는 양이 지역에 따라 다르기 때문에 기후를 세 가지로 구분하게 되었어. 그런데 말이야, 온대 지역에 있는 곳은 모두 같은 기후 특징을 가지고 있을까? 누구나 그렇지 않다는 사실을 알아. 산, 바다, 사막, 숲 등 지표의 성격에 따라 다를 수밖에 없어. 열대 지역은 또 어떻고?

기후는 단순히 기온이나 강수의 평균값만으로 단정해서 말할 수는 없어. 1년 평균기온이 20도인 곳이 숲일 수도 있고 들판일 수도 있으니까. 그래서 한 지역의 특성을 설명할 때는 기상 요소의 평균값은 물론이고 최고치와 최저치, 변화의 양상도 같이 말해 주어야 해. 예를 들어, 평균기온이 20도인 두 지역이 있는데, 한 곳은 최고치와 최저치의 차이가 50도나 나고 다른 곳은 20도만 난다면, 연교차가 큰 곳은 육지이고 작은 곳은 호수나 바다처럼 물이 있는 곳일 거야. 1년 동안 일어난 기온 변화를 자세히 말해 주면 사막인지 들판인지 더 정확하게 알 수 있어. 그래서 기후대를 구분하는 것은 말처럼 쉽지 않아.

기후대를 구분하는 것이 어려워서인지 고대 그리스인들 이후 기후에 대해 깊이 생각한 사람은 별로 없었어. 그러다 20세기에 들어서서 다양한 자료들이 모이면서 기후에 대한 관심이 생겼어. 그리고 본격적으로 기후를 분류하기 시작했지.

쾨펜의 기후 분류 시스템

#식물에따른_다섯가지기후그룹 #편의대로그은_기후경계선

온도와 기압, 강수량을 측정할 수 있는 기구가 발명되자 지구 곳곳에 방대한 양의 자료들이 쌓였어. 자료가 많아지니 이것을 분류해야 할 필요성이 생겼지. 과학자들은 제대로 기후를 분류해 보기로 마음먹었어.

여기서 잠깐 짚고 넘어가야 할 것은, 기후는 자연현상이지만 이를 분류하는 것은 인간이 하는 일이라는 점이야. 분류는 기준이 중요한데, 다양한 기후 현상을 어떻게 분류할지는 분류하고자 하는 목적에 따라 달라질 수 있어. 그래서 20세기 이후에 정말로 많은 기후 분류법이 생겨났어. 우리는 그중 독일의 기후학자 쾨펜(Wladimir Peter Köppen, 1846~1940)이 만든 기후 분류법에 대해 알아볼까 해.

다른 것도 다 말해 줄까?

아니, 이거 하나면 만족한다고?

내 그럴 줄 알았어.

쾨펜의 기후 분류 시스템은 과학자들이 가장 널리 사용하는 분류 시스템이야. 왜냐하면 월평균, 연평균기온과 강수처럼 아주 간단한 기준으로 작성한 분류법이기 때문이야. 앞서 말했듯이 기후는 온도와 강수의 평균값만으로는 완벽하게 설명할 수 없어. 그럼에도 불구하고 전 세계의 기상 자료를 가능한 한 많이 얻으려면 누구나 간단한 도구만 있으면 측정할 수 있는 사항이어야 해. 측정법도 간단하고 말이야. 무슨 일이든 기구가 복잡하고 사용법이 어려우면 실수를 하기 마련이거든. 그래서 기온과 강수가 기후를 분류하는 기본값이 된 것이지.

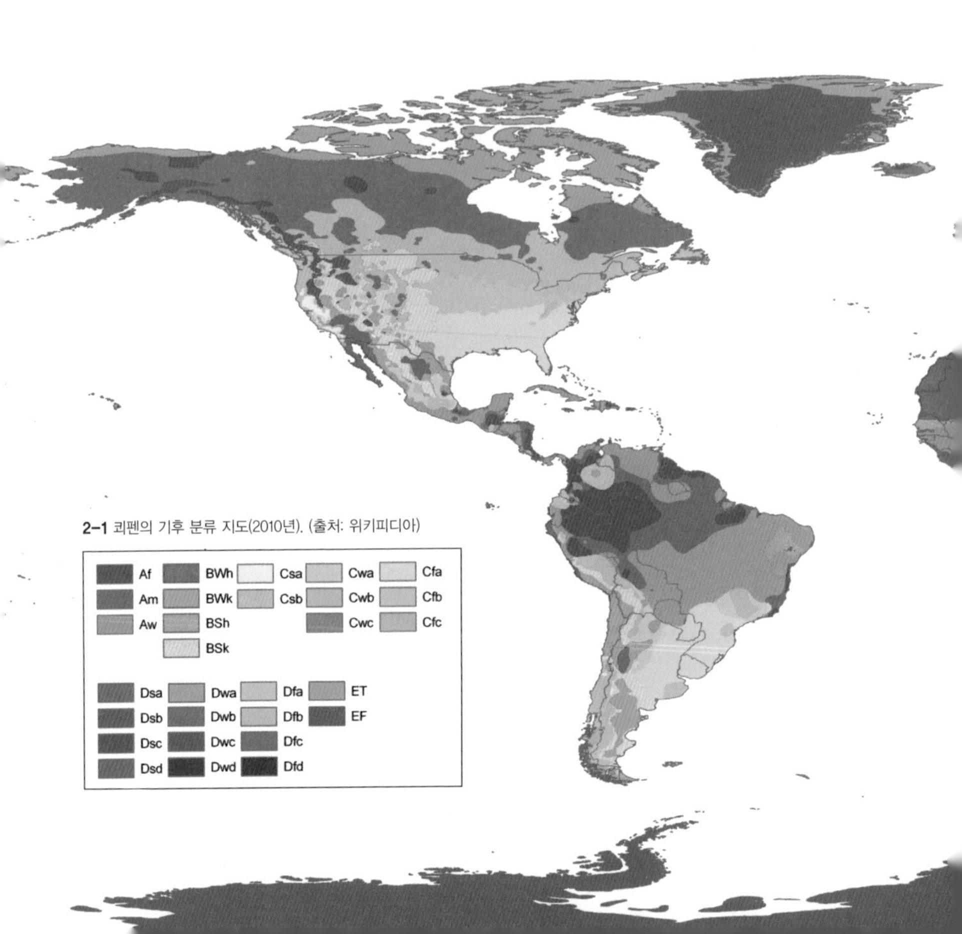

2-1 쾨펜의 기후 분류 지도(2010년). (출처: 위키피디아)

퀴펜은 기온과 강수만으로 완벽하게 기후를 설명할 수 없다는 것을 알았어. 그는 자연 식생이 기후에 아주 중요한 요건이라고 생각했는데, 이건 모두 다 동의할 거야. 그렇다면 자연물 가운데 무엇을 기준으로 지역을 나누면 좋을까? 쾨펜은 식물의 분포가 아주 중요하다고 생각했어. 그래서 식물 군집을 기준으로 다섯 개의 주요 기후 그룹을 정한 뒤 알파벳 대문자 A, B, C, D, E를 붙여 다음과 같이 구분했어.

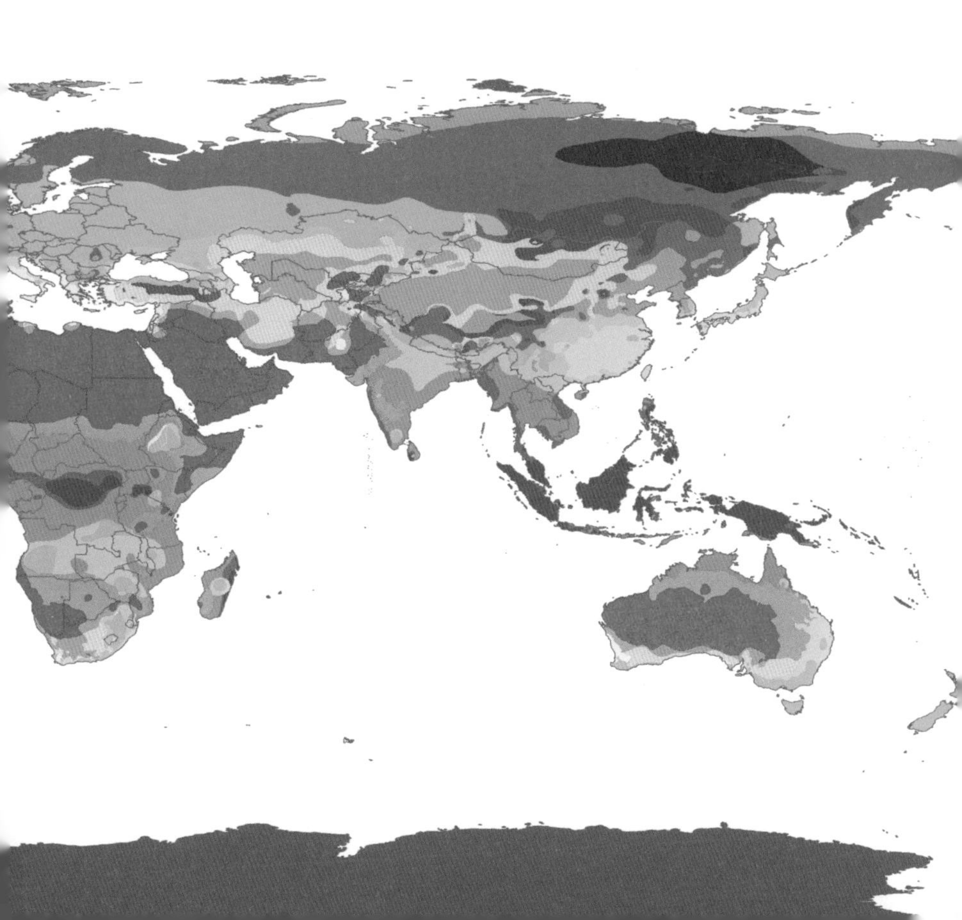

A 열대 습윤

B 건조

C 동계 온난 중위도 습윤

D 동계 한랭 중위도 습윤

E 한대

자, 이제 설명해 볼게.

A 열대 습윤 기후는 겨울이 없는 기후로 월평균기온이 모두 18도 이상인 지역이야. 줄여서 열대 기후라고도 해.

B 건조 기후는 증발량이 강수량을 초과하는 기후로 늘 물이 부족한 지역이지.

C 동계 온난 중위도 습윤 기후는 가장 추운 달의 평균기온이 영하 3도 이상, 18도 이하인 지역이야. 줄여서 온대 기후라고 해.

D 동계 한랭 중위도 습윤 기후는 가장 추운 달의 평균기온이 영하 3도 이하이고, 가장 따뜻한 달의 평균기온이 10도 이상인 지역이야. 줄여서 냉대 기후라고 해.

E 한대 기후는 여름이 없는 기후로 가장 따뜻한 달의 평균기온이 10도 이하인 곳이지.

잘 보면 알겠지만 A, C, D, E는 기온이 중요한 기준이고, B

는 강수가 주요 기준이야. 어때, 간단하지?

그런데 말이야, 이게 끝이 아니야. 이 다섯 그룹은 아주 기본적인 그룹이고 각각에 대해 더욱 세부적인 구분이 있어. 그 사항은 그 옆으로 알파벳 대문자나 소문자를 붙여서 구분하지. 예를 들어, B 건조 기후 중에서도 스텝 지역이면 S, 스텝 지역 중에서도 연평균기온이 18도 이상이면 h로 표기해. 이런 지역을 한꺼번에 BSh라고 표기하기로 규칙을 정한 거야. 탐구심이 많은 너희를 위해 정리했으니, 궁금할 때 세계 지도를 펼치고 확인해 보렴.

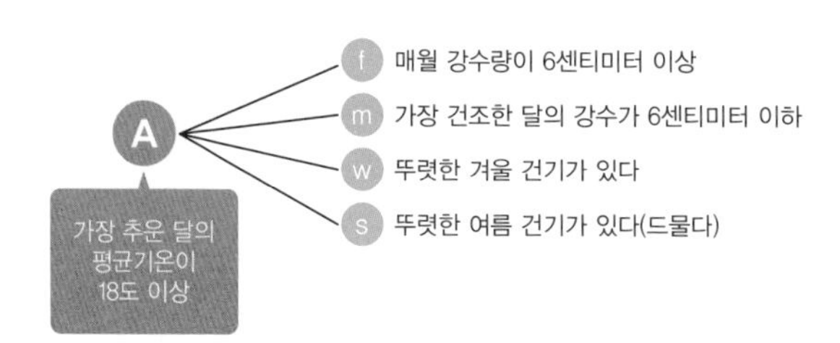

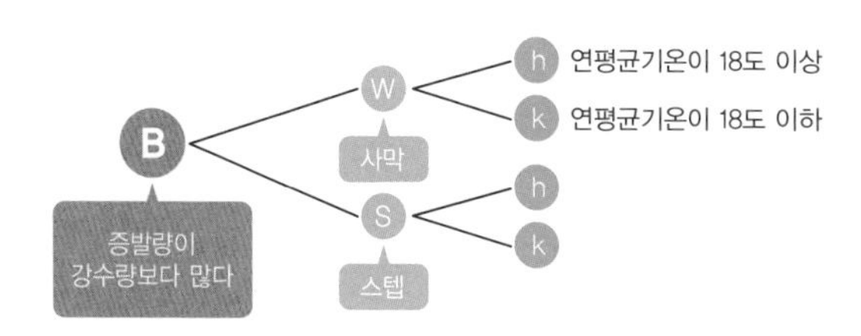

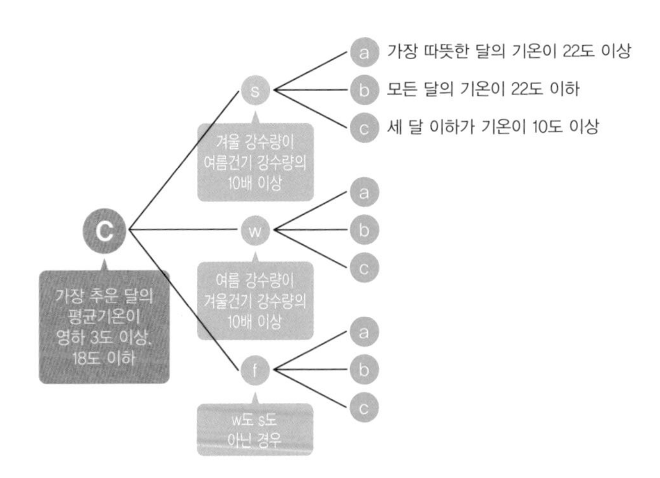

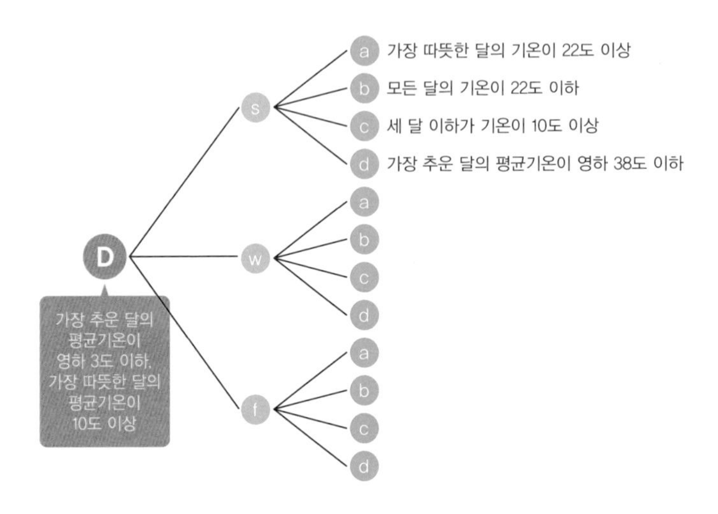

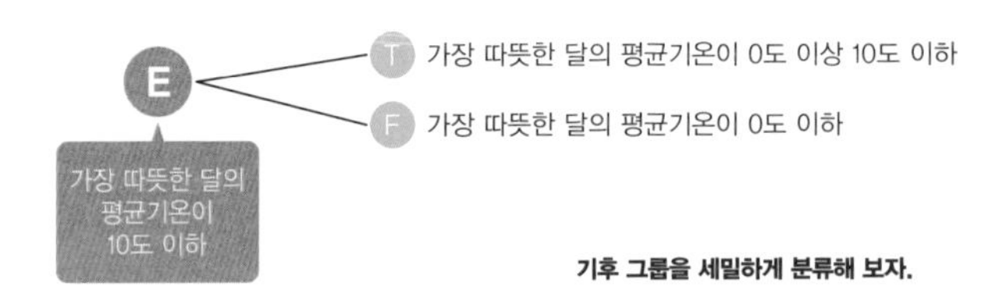

기후 그룹을 세밀하게 분류해 보자.

한 가지 명심해야 할 점이 있어. 위와 같은 기준으로 기후별 지역을 구분해서 지표 위에 그은 경계선은 고정된 것이 아니라는 점이야. 전해의 평균값이 달라지면 기후별 경계선은 달라져. 또 기후별 경계선의 경우 그 선을 넘어간다고 식생이 확 바뀌는 것은 아니야. 그저 인간들이 편의에 의해 그어 놓은 선일 뿐이지.

열대우림의 토양은 영양실조

#열대우림나무는_영양소보고 #라테라이트_벽돌_싫어요

적도 부근은 항상 더워. 이글이글 타는 태양이 머리 위에 떡 버티고 있거든. 월평균온도가 25도를 넘고 연교차도 아주 작아. 게다가 이 지역은 연 강수량이 200센티미터를 넘을 정도로 비가 많이 와서 육지에는 울창한 숲이 생기는데, 이를 열대우림이라고 해. 열대 습윤 기후의 대표적인 모습이지.

열대우림은 1년 내내 푸르고 울창한 활엽수로 구성되어 있어. 지표의 10퍼센트를 차지할 정도로 넓고 여기에는 아주 다양한 종의 생물들이 살고 있지. 열대우림을 자세히 들여다보면 3층으로 이루어져 있는 것을 알 수 있어. 우선 지표에서

5~15미터까지 자라는 나무들과, 그 위로 20~30미터까지 자라는 나무들이 있고, 다시 그 위에 40미터 이상 자라는 나무들이 있어.

가장 크게 자라는 나무들은 태양에너지를 마음껏 흡수할 수 있지만 그 아래에 자라는 나무들은 큰 나무들 사이로 들어오는 햇빛을 볼 수 있을 뿐이야. 그래서 열대우림은 생각보다 나무들이 빽빽하지 않아. 키 큰 나무들 사이로 들어오는 태양에너지가 그리 많지 않기 때문이야. 실제로 키 작은 나무들은 수관 체관이 가늘기 때문에 몸통도 가늘어. 그래서 크게 자라지 못하는 것이지.

사람들은 종종 열대우림과 정글을 혼동하기도 해. 정글은 강 주변 또는 돌보지 않는 개간지처럼 햇빛이 지표까지 강하게 도달하는 경우 덩굴 식물이 키 작은 나무와 얽혀서 생긴 숲이야. 이런 곳은 덩굴 식물 때문에 지나갈 수 없을 만큼 빽빽한 숲이 되지.

열대우림의 바닥에는 아주 두텁고 붉은 토양이 깔려 있고 풀이 거의 없어. 아니, 흙이 이렇게 두텁고 좋은데 왜 풀이 자라지 않을까? 사실 열대우림의 흙에는 식물에 필요한 영양소가 거의 없어. 이곳에선 끊임없이 비가 내린다는 사실을 잊어선 안 돼. 식물에 필요한 영양소는 물에 녹는 수용성이라야

아, 더워.
시원한 레몬에이드가 먹고 싶네요!
그럼, 너도 키 크든가!
형, 나도 햇빛 보고 싶어!
햇빛이 뭐냐?
나, 파리지옥.

해. 그런데 이런 영양소는 비가 오면 빗물에 녹아 씻겨 내려가. 결국 토양에는 물에 녹지 않는 알루미늄이나 철만 남지. 그래서 토양이 붉은색으로 보이는 거야. 녹슨 철 때문에. 게다가 열대우림 지역은 덥고 습해 박테리아가 아주 활발하게 활동을 해서 낙엽을 신속하게 분해하지. 그렇게 분해된 영양소는 바로 물과 함께 사라져. 그래서 열대우림은 울창한 나무 때문에 땅이 비옥할 것이라 생각되지만 실은 그렇지 않아.

열대우림의 진정한 가치는 바로 나무들에 있어. 광합성을 해서 얻은 결과물과 땅에서 빠져나가기 전에 끌어모은 영양소를 나무가 모두 품고 있거든. 그래서 열대우림에서 나무를 베어 인간이 사용하거나, 농경지를 만들려고 나무를 태워 버리면 토양에는 아무것도 남지 않아.

결국 그 땅은 몇 년 안에 불모지가 되고, 토양은 직사광선에 그대로 노출되어 단단하게 굳어지고 말아. 땅 자체가 거대한 벽돌이 되는 거야. 이런 토양을 라테라이트(홍토)라고 하는데, 라테(latere)는 라틴어로 벽돌이라는 뜻이야. 캄보디아의 앙코르와트에 있는 거대한 사원에 대해 들어 본 적 있니? 놀랍게도 그 사원은 바로 라테라이트로 만들어졌어. 앞서 설명했지만 라테라이트는 영양소가 모두 빠져나가고 물과 반응하지 않는 원소들로만 이루어졌기 때문에, 흙을 틀에 넣어 햇빛

아래 두어 잘 굳히기만 하면 아주 튼튼한 벽돌이 되거든. 이 벽돌은 모진 풍파를 견뎌 온 흙으로 만들었기 때문에 절대 깨지지 않지. 그래서 무려 1000년 전에 흙을 굳혀 만든 앙코르와트가 아직도 건재한 거야.

자, 이제 열대우림이 파괴되면 절대 안 되는 이유를 알겠지? 열대우림에서는 나무들이 사라지면 아무것도 남지 않아. 땅은 태양 빛을 받아 딱딱하게 굳고 말아. 이런 곳에선 씨앗이 싹틀 수 없고 뿌리를 내릴 수도 없어. 나무를 다시 심는다 해도 제대로 된 모습을 갖추려면 정말 오랜 시간이 필요해. 그러니 지금의 상태를 잘 유지하도록 하는 것이 아주아주 중요해.

사막화의 수문장 사바나

#사바나에선_나무들의_사회적거리두기 #뚜렷한_우기와건기

비가 많이 오는 열대 지역과 사막 사이에는 '열대 습윤 건조' 지역이 있어. 습윤 건조라니, 용어가 참 이상해 보이지? 습하기도 하면서 건조하다는 뜻이잖아. 이건 기후를 구분할 때 자로 대고 줄을 긋는 것처럼 나눌 수 없다는 뜻이기도 해.

예를 들어, 아프리카 케냐와 탄자니아에 걸쳐 있는 세렝게

티 국립공원은 넓은 초원에 드문드문 나무가 있어. 나무가 많지 않은 것으로 보아 이곳은 강수량이 적다는 점을 짐작할 수 있지. 이 나무들은 가뭄에 내성이 있는 나무들이야. 비가 많이 오지 않는 시기에도 잘 견딘다는 뜻이야. 하지만 이 나무들도 비가 오지 않으면 살 수 없어. 1미터까지 자라는 풀들도 자랄 수 없고 말이야. 다행히 이 지역에는 3~4개월 동안 비가 와. 그사이 풀은 자라고 나무는 물을 한껏 저장해 두지. 그리고 건기를 버티는 거야. 그러니까 먼 거리를 두고 나무가 한 그루씩 있는 것은 그만한 지표에 나무 한 그루밖에 살 수 없다는 뜻이기도 해. 이와 같은 지역을 사바나라고 하지.

사바나 지역은 연강수량이 100~150센티미터 정도로, 열대우림보다 비가 적게 오는 지역이야. 달마다 강수량을 비교해 보면, 5월에서 9월에 이르는 우기에는 다달이 열대우림에 버금갈 만큼 비가 오지만 나머지 기간에는 비가 거의 오지 않아. 1년 내내 비가 오는 열대우림과 달리 월 편차가 크지. 사바나는 우기와 건기가 아주 확실하게 나뉘어.

과학자들은 사바나도 원래는 열대우림이었으나 원주민들이 농사를 짓기 위해 숲을 태워 이와 같은 모습이 되었다고 여기고 있어. 누군가 불을 지르거나 몇 그루 남지 않은 나무마저 베어 버리면 여기는 수백 년 또는 수십 년 안에 사막이

2-2 이 사바나 지역이 원래는 열대우림이었대. 농사를 지으려고 숲을 태워 이렇게 되었다지. 얼마 안 남은 나무마저 베어 버리면 사막이 되고 말 거야. 아프리카 탄자니아 세렝게티 국립공원. ©이지유

되고 말아. 그래서 사바나와 사막 경계에 나무를 심고 숲을 조성하려고 노력하는 거야.

열대와 한대 사이에서 열을 교환하는 주요한 기후로 몬순 기후가 있어. 여름에는 바다 위로 생긴 습하고 불안정한 공기 덩어리가 대륙으로 이동해 비를 뿌리고, 겨울에는 대륙의 차고 건조한 공기가 바다로 이동하는 순환을 몬순 순환 시스템이라고 해. 이와 같은 순환은 대륙과 해양의 온도차가 계절에 따라 바뀌기 때문에 생겨나.

몬순 순환 시스템 때문에 우리나라도 여름에는 비가 많이 오고 장마가 생겨. 우리나라에 큰 영향을 주는 공기 덩어리, 곧 기단에는 북태평양 기단과 시베리아 기단이 있어. 북태평양 기단은 바다에서 생긴 해양성 기단이고 봄부터 온도가 올라가 여름이 되면 아주 습하고 온도가 높아지지. 시베리아 기단은 대륙 위에 있고 위도도 높은 곳에 있기 때문에 북태평양 기단보다 온도도 낮고 건조해. 그러니 여름이 되면 세력이 더욱 약해져 불어나는 북태평양 기단의 세력에 밀려 북으로 밀려가고 말지.

하지만 말이야, 누가 내 구역에 들어오면 가만히 밀리고 있을 존재가 어디 있겠어? 시베리아 기단은 더 물러설 곳이 없다며 북태평양 기단과 힘겨루기를 하는데, 하필 그 마당이 우리나라인 거야. 두 기단이 머리를 맞댄 경계에서는 건조하고 차가운 공기와 습하고 더운 공기가 만났기 때문에 비가 와. 폭우가 내리지. 그 비가 장맛비야.

이와 같은 몬순 순환 시스템은 북반구에서는 동남아시아와 인도, 남반구에서는 북오스트레일리아에 영향을 줘. 그러니 장마는 우리나라에만 있는 것이 아니야. 그런데, 기후가 변하고 있어. 당장 우리나라를 봐. 장마가 사라지고 있어. 왜냐하면 북태평양 기단의 세력이 너무 세져서 장마전선이 북으로 밀려 올라갔기 때문이야.

기후는 예측 가능해야 한다고 했던 것 기억하지? 이젠 예측이 불가능해졌어. 기후에 큰 변화가 생기고 있는 거야. 예측할 수 없는 변화가.

건조 기후의 대명사 사막

#사막화는_여전히_진행중 #돌아갈수없는_1960년의_아랄해

사막화라는 말을 들어 봤지? 나무와 풀이 자라던 땅이 사막으로 변한다는 뜻이야. 인간의 역사와 함께 생긴 사막은 인간의 활동과 무관하지 않아. 사막화는 주로 사막의 가장자리에서 두드러지게 나타나는데, 사막 경계에 있는 나무를 베고 농지를 만들면서 시작되지. 비가 왔을 때 토양이 씻겨 갈 정도로 나무와 풀을 베고, 운 나쁘게 가뭄이 와서 식물이 살아가는 데 필요한 물이 부족해지면 그 토양은 사막화가 되는 거야. 사하라 사막 남쪽 지역은 지금도 이와 같은 사막화가 진행되고 있어.

중앙아시아에 있는 아랄해를 보면 멀쩡했던 땅이 인간의 활동으로 어떻게 사막으로 변해 가는지 알 수 있어. 한번 볼래? 아랄해는 우즈베키스탄과 카자흐스탄 사이에 있는 아주 커다란 호수로, 1960년에는 우리나라 면적의 3분의 2에 해당할 만큼 커다란 호수였어. 얼마나 컸으면 '해'라고 불렀겠어?

옛날 사람들이 보기엔 바다로 보였던 거야.

이 호수는 어떻게 이만한 크기를 유지했을까? 호수 동쪽에는 아무다리야강과 시르다리야강이 있는데, 이 강은 북아프가니스탄 산지에서 출발해서 투르키스탄 사막을 지나 아랄해까지 와. 그러니 아랄해의 크기는 두 강으로부터 얼마나 많은 양의 물이 공급되는지, 아랄해 표면에서 얼마나 많은 물이 증발하는지에 따라 달라져.

지구상에서 가장 큰 내륙 호수 중 하나였던 아랄해는 2000년에는 1960년에 비해 해수 면적은 절반으로 줄었고 물의 부피는 80퍼센트나 줄었어. 2010년경에는 물의 흔적만 겨우 남을 정도로 줄었고 말이야. 도대체 무슨 일이 생긴 것일까?

사람들은 아무다리야강과 시르다리야강의 물이 아랄해로 가기 전에 물길을 바꾸어 강물을 관개 농수로 쓰기 시작했어. 주변이 사막이니 농사를 지으려면 강물을 끌어오는 것이 가장 쉬운 방법이었던 거야. 선조들도 그런 방법을 썼으니 자손들도 당연히 따라 한 거지. 그런데 물을 너무 많이 끌어 쓴 것이 문제였어.

호수로 유입되던 물이 크게 줄자 호수가 마르기 시작했어. 해안선이 마을로부터 수십 킬로미터 떨어진 곳으로 물러났고, 성하던 어업이 망했어. 수많은 어부가 직업을 잃은 것은 말할 것도 없었지. 요즘 아랄해에는 바닥이 드러난 호수에 갈 곳을 잃은 배들이 놓여 있는 것을 어렵지 않게 볼 수 있어. 또 24종에 달하는 물고기들이 모두 사라졌어. 다시는 지구상에서 볼 수 없는 생물이 되었지. 문제는 그뿐만이 아니야. 호수 바닥에 침적되어 있던 소금과 농약이 드러나면서 바람이 불 때마다 인근 농장으로 날아가 큰 피해를 주고 있어. 농사를 짓다 호수가 마르고, 마른 호수 바닥이 드러나면서 농사가 더 어려워진 거야.

가장 큰 문제는 호수에 물이 없으니 지금껏 했던 온도 변화

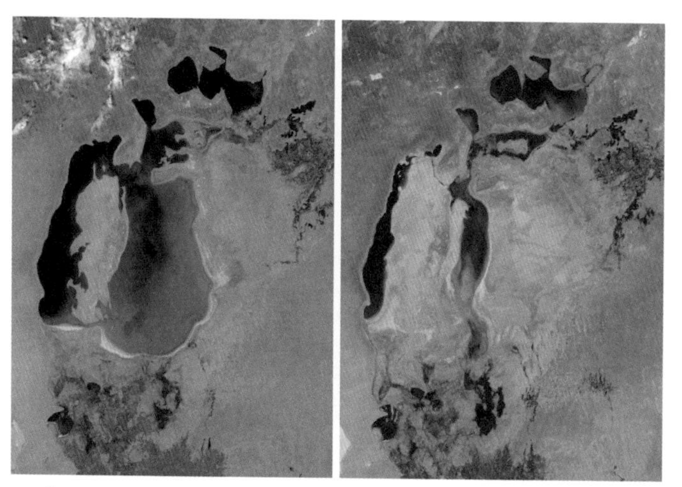

2-3 왼쪽은 2000년의 아랄해로 1960년에는 이보다 두 배는 넓었어. 오른쪽은 2017년의 아랄해로 이제 더는 바다로 보이지 않아! (출처: NASA)

를 완화하는 역할을 호수가 더 이상 할 수 없다는 거야. 그 결과 여름에는 온도가 더 높아지고 겨울에는 더 낮아지고, 나아가 비마저 더 안 오고 농작물이 자랄 수 있는 시기가 더 짧아져 농사짓기 더 힘들어졌지.

수만 년 동안 그 자리에 있던 호수를 말린 이유가 겨우 '50년 동안 농사짓기'라니 너무 어이가 없지? 환경학자들의 연구에 따르면 호수의 물을 지금보다 두 배 늘리는 데 50년의 세월이 필요하다고 해. 1960년의 아랄해로 돌아가려면 그보다 훨씬 긴 시간이 필요하고 말이야. 물론 돌아갈 수 있을지 그것도 알 수 없어.

결국 농사를 포기하지 않으면 이 지역은 사막이 되고 말 텐데, 사람들은 농사를 포기하지 못할 거야. 이 나라의 경제 전체가 무너지는 것과 같기 때문이지. 하지만 불행히도 이들의 후손들은 이곳에선 더 이상 농사를 지으며 살 수 없을 거야. 물이 없으니까.

아랄해여
돌아와 주오~
있을 때
잘하지!

가뭄이 도대체 뭐야?

#기상학적_농업적_수문학적_사회적가뭄은_차례로 #예상가능한_가뭄

사막화 이야기가 나와서 말인데, 사막과 가뭄은 떼려야 뗄 수 없는 깊은 관계가 있어. 그런데 가뭄 때문에 고생해 본 적 있니?

가뭄이란 비나 눈이 오지 않아 농작물이 잘 자라지 않고 물 공급에 어려움을 겪는 현상이야. 사람들은 태풍이나 지진과 같은 자연재해가 주는 피해는 아주 크게 느끼면서 가뭄이 주는 피해는 그다지 실감하지 못해. 그러나 알고 보면 가뭄으로 인해 생기는 피해의 규모가 훨씬 커.

가뭄은 시작과 끝을 느끼기 힘들어. 가뭄의 피해는 한 해의 강수량이 적어 생기는 것이 아니라 여러 해 누적되어야 느낄 수 있기 때문이지. 가뭄의 조짐을 가장 먼저 보여 주는 것은 강수량이야. 한 지역의 강수량이 계속 줄면 이것을 기상학적 가뭄이라고 해.

이렇게 강수가 줄어들면 수년 후 토양이 품고 있던 수분이 부족해지면서 작물의 생산량이 조금씩 줄어. 그러다 어느 해에 갑자기 흉년이 들지. 그러니까 흉년이 들면 그해에 비가 오지 않아서가 아니라, 가뭄의 징조가 오래전부터 있었지만 그 효과가 이제야 나타난 것으로 보아야 옳아. 이렇게 생긴 가뭄을 농업적 가뭄이라고 해.

수문학적 가뭄은 저수지, 호수, 연못으로 흘러들어 오는 물의 양이 줄고 습지가 줄어들고 지하수면이 내려가는 거야. 이제 작물의 양이 줄어드는 것은 물론이고 다양한 동식물의 서식지마저 사라질 위기에 놓이지.

사회적 가뭄은 물의 부족이 인간 사회에 영향을 미칠 때 나타나. 사람들이 물량 부족으로 생수를 구입하지 못하게 된다거나, 댐에 물이 부족해 수력발전으로 전기 생산량이 부족해질 때가 그런 때야. 수력발전으로 만든 전기가 필요량에 미치지 못하면 좀 더 비싼 방식으로 전기를 만들어야 하는데, 그 비용은 고스란히 사회 구성원의 몫으로 돌아가지. 또 만성적 에너지 부족에 시달리면서 사회 전반적으로 생산성이 떨어지게 되지.

기상학적 가뭄, 농업적 가뭄, 수문학적 가뭄, 사회적 가뭄은 동시에 일어나지 않아. 차례로 영향을 주기 때문에 이 모든 일의 시작이 언제인지 확실히 알 수 없어. 사람들은 사회적 가뭄이 시작된 뒤라야 가뭄이 왔다고 느낄 수 있고.

비가 제대로 오기 시작해 가뭄이 풀리는 순서는 역순이 아니라 처음으로 돌아가서 기상학적 가뭄부터 풀려. 비가 와서 강물이 불면 호수의 물이 서서히 채워지고 이 물이 토양으로 스며들어 지하수면이 올라가. 그러니 기상학적 가뭄이 풀려도 지하수를 퍼서 쓰는 사람들은 지하수면이 원위치로 올라올 때까지 한참을 더 기다려야 해.

가뭄으로 인해 멈추었던 사회 시스템이 다시 예전처럼 돌아가려면 긴 시간이 필요하고 비용도 많이 들어. 사람들은 태풍이나 허리케인, 지진 같은 자연재해로 많은 경제적 피해를 입는다고 생각하지만 가뭄으로 인한 경제적 손실이 훨씬 커. 가뭄은 훨씬 광범위한 지역에 영향을 주기 때문이야.

다행히 인공위성을 이용한 원격탐사를 하면서 가뭄에도 주기성이 있다는 사실을 알게 되었어. 지역에 따라 양상이 다르고 주기가 다르지만 언제 가뭄이 올지 얼추 예상을 할 수 있단 말이지. 이를 파악하고 잘 대비하면 가뭄을 완벽하게 막을 수는 없을지라도 피해를 줄일 수는 있어. 하지만 기후 변화로 이마저 쉽지 않아.

우리가 언제 가뭄이 든 적이 있냐며 고개를 갸우뚱하는 사람이 많을 거야. 하지만 우리나라는 물 부족 국가야. 아직 사회적 가뭄을 느끼지 못할 뿐 이미 수문학적 가뭄의 끝에 와 있어. 사회적 가뭄에 이르면 가장 먼저 피해를 보는 사람은 가난한 사람들이야. 그리고 가장 나중에 피해를 보상받는 사람도 가난한 사람들이지. 그런 상황까지 가지 않도록 노력해야 해.

지구의 냉장고 툰드라

#툰드라지하_영원히녹지않는_영구동토층 #영구동토층이_녹고있다!

한대 기후는 가장 따뜻한 달의 평균기온이 10도 이하인 지역이야. 한대 기후에 속한 대표적인 기후로 툰드라 기후가 있어. 또 툰드라 기후의 지배를 주로 받는 지역을 툰드라 지역이라고도 하지. 그러니까 '툰드라 기후'는 기후 상태와 장소를 한꺼번에 이르는 말이야.

한대 기후는 겨울에는 밤만 이어지기 때문에 말할 수 없이 추워. 여름에는 따뜻하냐 하면 그렇지도 않아. 눈과 얼음은 많은 양의 햇빛을 반사시키고, 반사되지 않은 햇빛은 눈과 얼음을 녹이느라 그 밑에 있는 토양을 데우지 못하기 때문이야. 여름이 이러니 겨울엔 더 말할 필요도 없어. 이렇게 늘 추워도 여름에는 눈이 녹아 지표가 드러나는 곳을 툰드라라고 하고, 절대 얼음이 사라지지 않는 곳을 얼음모자(ice cap)라는 뜻으로 '빙모'라고 해.

툰드라는 주로 북반구에 넓게 자리하고 있어. 북극해 연안과 아이슬란드 북부, 그린란드 남부에서 찾아볼 수 있어. 남반구에는 남아메리카 끝에 아주 조그맣게 자리 잡고 있을 뿐인데, 남반구에서 툰드라 지형을 찾아보기 어려운 이유는 그 자리에 바다가 있기 때문이야.

여름이 오고 눈이 녹아 지표에 적더라도 태양에너지가 전달되면 토양은 1미터 깊이 정도까지 녹아. 이곳을 '활성층'이라 하는데, 여기서 키 작은 풀이 자라고 꽃이 펴. 툰드라의 남쪽 경계는 기온이 연평균 10도인 곳으로 이 경계를 넘어 북쪽으로는 나무가 자라지 않아. 툰드라에는 나무가 없다는 뜻이지.

지하 1미터 아래는 영원히 녹지 않는 '영구 동토층'이 있어. 지표 1미터 아래에 단단한 얼음이 있으니 물이 잘 빠지지 않기 때문에 여름의 툰드라는 습지 또는 호수와 같아. 그래서 수천 년 전 매머드가 활성층에 빠진 채 영구 동토층까지 가라앉아 얼어붙은 채 발견되기도 했어. 이건 마치 냉동 보관된 상태와 같은 상황 아니야?!

동물과 식물이 툰드라 지대에서 죽으면 너무나 춥기 때문에 부패하지 않고 영구 보존되는 효과가 있어. 생물은 유기물이므로 엄청난 양의 유기물이 영구 동토층에 보관된 셈이지. 그런데 영구 동토층이 녹으면 수천 년 동안 얼어붙은 채 땅속

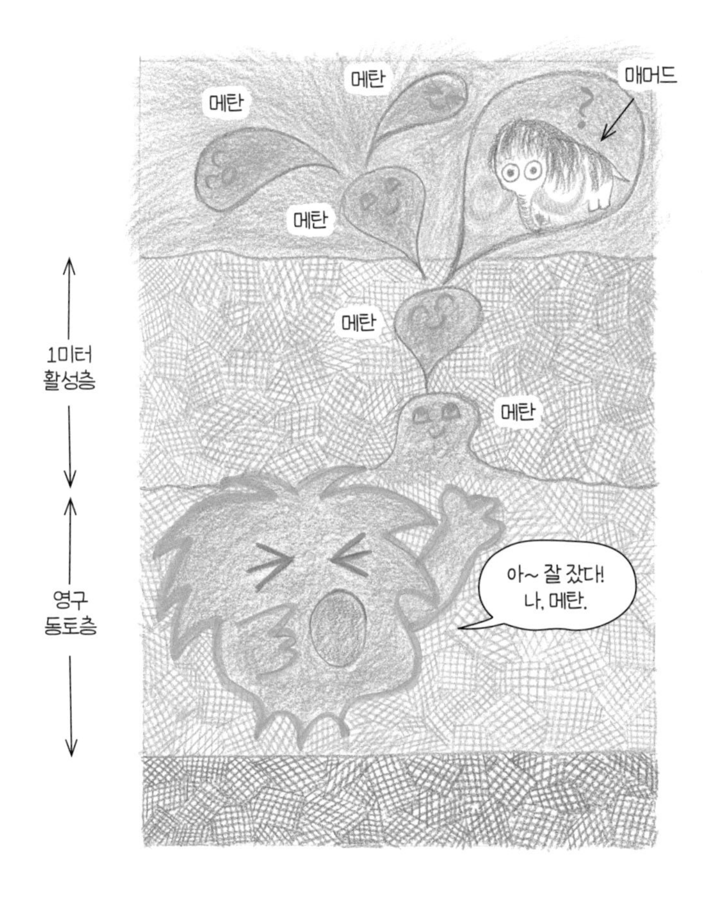

에 보관된 유기체가 부패하면서 이산화탄소, 메탄이 대기 중으로 방출될 거야. 온실가스가 마구 나오는 것이지.

절대 녹지 않아서 영구 동토라는 이름을 붙였지만 최근 영구 동토층이 녹고 있다는 증거가 발견되었어. 툰드라 지역을

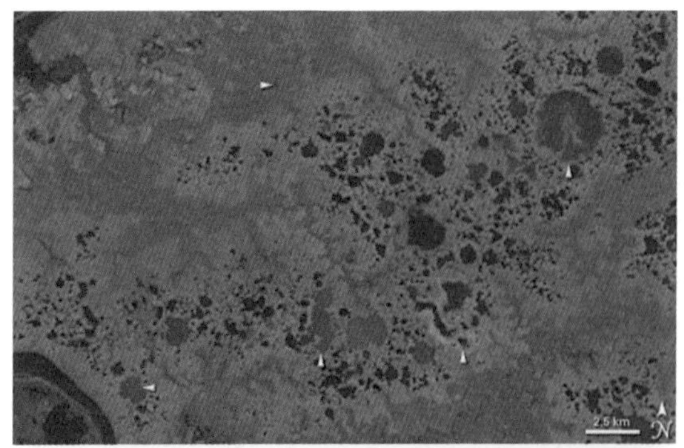

1973년 6월 27일

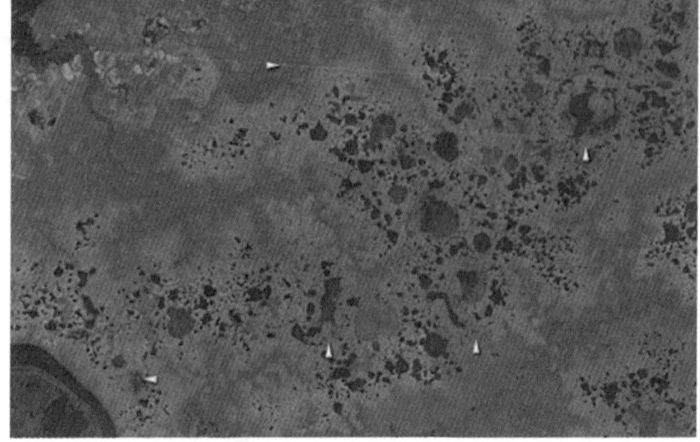
2002년 7월 2일

2-4 30년 동안 어떻게 변했는지 한번 볼래? 하얀색 삼각형이 가리키는 부분을 비교해서 보면 호수가 많이 사라진 걸 확인할 수 있어. 영원하다고 해서 지은 '영구' 동토층이라는 말이 무색하게, 동토층이 녹으며 이전에 받쳤던 호수를 더는 받칠 수 없게 되었기 때문이야. (출처: NASA)

찍은 인공위성 사진을 보면 둥근 호수가 아주 많이 있어. 영구 동토층이 물을 받치고 있기 때문에 생긴 호수지. 그런데 1973년과 2002년에 찍은 사진을 비교하면 호수가 많이 사라진 것을 볼 수 있어. 영구 동토층이 녹아 물이 땅속으로 스며든 거야. 이제 더 이상 영구 동토가 아닌 셈이지.

영구 동토층은 왜 녹을까? 지표를 덮던 식물이 어떤 이유로 사라지면 여름에 내리쬐는 아주 약한 햇빛으로도 툰드라가 다 녹고, 그 아래에 있는 영구 동토층도 녹일 수 있어. 도로를 건설하거나 집을 지어도 마찬가지야. 이런 이유로 알래스카에서 미국으로 가는 송유관은 지상에서 수 미터 떨어진 받침대 위를 지나가도록 만들었어. 송유관을 통과하는 원유는 뜨겁게 달구어진 상태라 송유관이 땅에 붙어 있으면 분명 영구 동토층은 녹고 말거든.

지구 온난화로 툰드라 지역의 활성층이 겨울에도 얼어붙지 않는 것이 큰 문제야. 위에서 단열 역할을 해 주던 활성층이 사라지면 그 아래 있던 얼음은 녹을 수밖에 없잖아? 땅을 단단하게 유지하고 있던 영구 동토층이 녹으면 지반이 약해져 지층이 끊어지는 단층, 그로 인해 산이나 언덕이 무너져 내리는 사태, 넓은 지역이 통째로 내려앉는 침강, 또는 밀어 올리는 동상 등이 일어나 일대의 생태계가 무너질 수 있어. 물론 근처에 있는 사람이 다치거나 죽거나 삶의 터전을 잃겠지. 또 이곳에 있던 수많은 종의 생물이 사라져 아무것도 남지 않을 수도 있어. 큰일이지?

지구의 반사판 극지방

#태양을막는방패_빙모 #해빙이_녹다 #남극지킴이_빙붕_무너져내려

여름에도 얼음이 사라지지 않는 빙모 지역은 지구 온난화를 막는 아주 중요한 곳이야. 왜냐하면 이 얼음이 큰 거울이 되어 태양에서 오는 빛을 반사하거든. 만약 이 얼음이 없다면 그동안 반사시켰던 태양에너지를 고스란히 지표에서 흡수하고 흡수한 열이 대기를 데워서 기온은 더욱 올라가. 지구 온난화에 가속이 붙도록 만들지. 그래서 빙모 지역은 절대 녹아서는 안 돼.

그런데 불행하게도 빙모가 녹고 있다는 사실이 관측되었어. 햇빛 반사 효과를 더 이상 볼 수 없다면 지구의 기온은 더욱 가파르게 높아질 거야. 정말 큰일이야!

위성 영상을 통해 북극 해빙이 녹는다는 사실이 이미 증명되었어. 1979년과 2005년 각각 9월에 찍은 사진을 비교하면 해빙의 면적이 20퍼센트나 감소한 것을 확인할 수 있어. 어떤 이들은 북극의 해빙이 주기적으로 크기가 변해 왔다고 주장하기도 해. 그러나 대부분의 과학자는 지구 온난화로 인해 북극의 해빙이 녹고 있다는 데 동의하고 있어.

북극의 해빙이 녹으면 앞서 말했듯이 태양에너지의 반사량이 줄고 지구의 기온은 더 올라가는 양의 되먹임 과정이 가속화돼.

남극 해안에는 커다란 만이 여럿 있는데, 이곳에는 육지와 붙어 있는 빙붕이라 불리는 거대한 얼음 절벽이 있어. 빙붕은 위로는 평평하고 해안 쪽으로는 깎아지른 듯한 거대한 얼음 절벽이야. 남극의 해안선 사진을 보면 대부분 얼음 절벽으로 이루어져 있잖아? 그게 바로 빙붕이야. 가장 큰 로스 빙붕은 우리나라보다 다섯 배나 크고, 필크너 론 빙붕도 네 배 이상 커. 그 밖에 크고 작은 빙붕이 50여 개나 있어. 이 빙붕들이 남극 대륙을 빙 둘러싸고 있기 때문에 우주에서 보면 남극의 해안선은 그리 울퉁불퉁하지 않아. 사람들은 원래 남극 대륙이 둥글다고 생각하지만 실은 수많은 만을 빙붕이 메우고 있어서 그렇게 보이는 거야.

빙붕은 남극을 둘러싼 거대한 담과 같아. 남극의 빙하가 녹으면서 바다로 내려오는 것을 막아 주는 역할을 하지. 또 바다에서 불어오는 따뜻한 바람을 막아 주는 역할도 해. 바람이 빙붕 위를 지나는 동안 차갑게 식거든. 그러면 남극 내륙에 있는 얼음이 따뜻한 해풍 때문에 녹는 것을 막을 수 있어.

뉴스나 다큐멘터리에서는 빙붕이 무너져 내리는 동영상을

2-5 이 장관이 뭐냐고? 남극을 둘러싼 거대한 담, 빙붕이야. 얼마만 한 크기냐면 높이가 100미터가 넘어. 그런데 이 빙붕이 무너져 내리면 어떻게 될까? (출처: NASA)

틀어 주며 빙하가 녹아 해수면이 오를 것이라고 경고를 하곤 하지. 하지만 빙붕 자체는 양이 많지 않기 때문에 빙붕이 다 녹아도 해수면이 올라가진 않아.

하지만 빙붕이 사라지면 빙하가 녹은 물을 막아 주지 못해 빙하가 녹은 물이 바다로 바로 흘러내려 가. 속이 빈 빙하는 무너져 내리기 쉬워져. 또 훨씬 빨리 녹게 되지. 실제로 과학자들은 빙붕이 무너져 내린 지역의 빙하가 훨씬 빨리 바다로 내려온다는 사실을 관측했어. 만약 모든 빙붕이 사라진다면 남극 대륙에 있던 빙하들이 일제히 바다로 내려오고 따뜻한 바다에 녹아 모두 물이 되고 말아. 그러면 전 세계의 수면이 상승해.

그동안 과학자들은 해수면이 올라가는 중요한 이유가 바다 표면의 온도가 올라가 팽창하기 때문이라고 생각해 왔어. 그런데 이제 그 이유에 빙하가 녹아 바닷물을 보태는 것도 생각해야 해. 1950년 이후 남극의 연평균기온은 10년에 0.5도씩 오르고 있어. 2000년 기준으로 2.5도나 오른 거야. 지구의 연평균기온이 1도 오른다는 뜻은 말 그대로 모든 대륙과 바다를 평균해서 1도라는 뜻이야. 바다는 거의 온도가 변하지 않으니 육지와 빙하가 있는 곳의 변화가 훨씬 커. 실제로 지구 온난화에 의해 온도가 가장 많이 오르는 곳은 극지방이야. 그러면 지구의 반사판이 사라지고 기온은 더욱 올라갈 거야. 정말 큰일이지?

3. 기후를 조절하는 요소

지구는 태양에너지를 골고루 받지 않아. 적도는 태양에너지를 지나치게 많이 받고, 극지방은 늘 부족하게 받아. 지구는 이와 같은 에너지 불균형을 해소하기 위해 다양한 방법으로 에너지를 교환하려고 애를 써. 태풍, 허리케인, 사이클론은 적도 지방의 과다한 열과 수증기를 극지방으로 옮기고, 이산화탄소는 지구가 추워지는 것을 막아 주는 반면 극지방의 빙하는 태양에너지를 우주로 반사해 지구가 과도하게 더워지는 것을 막아. 대기, 육지, 얼음 등은 긴밀하게 상호작용하며 지구의 에너지 상태를 균등하게 유지하려고 애를 써. 자, 이제 그 이야기를 해 볼게.

기후 조절 인자

#위도_육지_물_탁월풍_산맥_해류_기압 #복잡한중에_조화롭게

만약 지구가 완전히 매끄러운 구라면 고대 그리스인들이 생각한 기후 지역으로 나뉠 거야. 하지만 현실은 아니라는 것이 함정. 지표에는 바다, 육지, 얼음 등 수많은 물질이 있고, 다양한 현상이 일어나 기후에 영향을 줘. 여러 현상 역시 무작위로 일어나는 것 같지만 오랜 시간 지켜보면 서로 긴밀하게 상호작용한다는 사실을 알 수 있어. 이렇게 기후에 영향을 주는 요인을 기후 조절 인자라고 해. 위도, 육지, 물, 탁월풍, 산맥, 고지대, 해류, 기압, 바람 등이 여기에 속하지.

지구 표면의 온도를 좌우하는 가장 큰 요인은 태양에너지야. 태양 빛을 많이 받으면 온도가 오르고 적게 받으면 온도가 낮아지는 건데, 뭐 당연한 거야. 만약 지구가 평평하다면 진짜 간단할 텐데, 역시 그렇지 않다는 것이 함정. 지구는 둥글기 때문에 태양 빛의 영향은 위도에 따라 규칙적으로 변해. 위도 0도인 적도에서 단위 면적당 받는 에너지가 가장 크고 위도 90도에 가까운 극지방에서 받는 에너지는 작아. 이런 큰 경향성은 절대 바뀌지 않기 때문에 적도는 항상 극지방보다

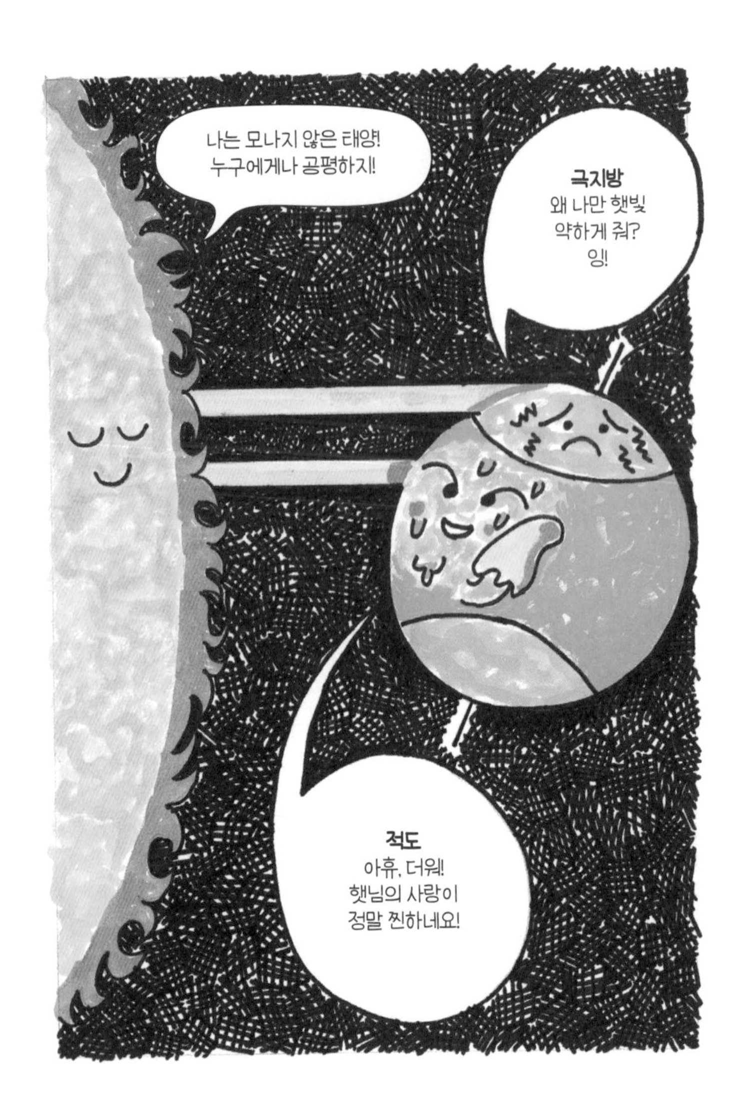
나는 모나지 않은 태양!
누구에게나 공평하지!
극지방
왜 나만 햇빛
약하게 줘?
잉!
적도
아휴, 더워!
햇님의 사랑이
정말 찐하네요!

태양에너지를 많이 받고 온도가 높아.

육지와 물의 분포 역시 기후에 영향을 주는 인자야. 같은 위도에 있는 육지와 바다는 연평균온도는 같을지라도 변화의 폭이 달라. 같은 양의 태양에너지를 흡수해도 육지는 바다에 비해 온도가 빨리 올라가고 빨리 내려가. 그래서 대륙성 기후와 해양성 기후로 나뉘는데, 해양성 기후는 온도가 천천히 오르고 천천히 내리기 때문에 같은 위도의 대륙에 비해 겨울에는 춥지 않고 여름에는 덥지 않아. 이런 걸 두고 온도의 변화 폭이 크지 않다고 해. 반면 대륙성 기후는 온도의 변화 폭이 훨씬 커서 겨울에는 아주 춥고 여름에는 더워. 지표의 성질에 따라 습도도 달라. 당연히 해양성 기후는 습도가 높고, 대륙성 기후는 습도가 낮아.

다음으로 기후에 영향을 주는 인자는 탁월풍이야. 탁월풍이란 늘 같은 양상으로 부는 바람을 이르는 말인데, 열대 지역에 부는 무역풍, 중위도 지역에 부는 편서풍, 고위도 지역에 부는 편동풍이 좋은 예야. 탁월풍은 해양성 기단을 대륙 깊숙이 몰아 주기 때문에 대기를 섞는 효과가 있어.

산맥과 고지대 역시 기후 조절 인자야. 공기는 산을 타고 오르면서 온도가 낮아져. 그래서 같은 위도에 있더라도 해수면 근처나 고지대의 온도는 서로 다르지. 북아메리카에 있는

로키산맥이나 남아메리카에 있는 안데스산맥은 태평양에서 오는 해양성 기단을 가로막는 효과가 있어. 습기가 많은 해양성 기단은 산맥을 넘으면서 비를 뿌리고 아주 건조한 상태가 되어서 산맥을 넘어가. 이 대기는 원래 바다에서 왔지만 물기라곤 찾아볼 수 없는 공기가 되어 버리는 거지.

해류도 기후 조절에 아주 중요한 역할을 해. 북반구에는 쿠로시오 해류와 멕시코 만류, 남반구에는 브라질 해류와 동오스트레일리아 해류가 모두 극지방 쪽으로 흐르는 해류인데, 이 해류들이 적도의 열을 극지방으로 옮겨 주기 때문에 극지방은 해류가 없을 때보다 훨씬 따듯해. 이런 효과는 겨울에 더욱 크게 나타나. 반대로 북반구의 캘리포니아 해류와 카나리아 해류, 남반구의 페루 해류와 벵겔라 해류는 해류와 접한 연안의 온도를 낮춰 주는 효과가 있어.

강수량은 기압대와 매우 깊은 관련이 있어. 적도 지역은 늘 온도가 높기 때문에 공기가 상승하는 성질이 있는데, 이 때문에 해수면의 기압이 낮아. 이렇게 저기압이 형성되면 특히 기압이 낮은 곳으로 공기가 모여들어 태풍이나 허리케인이 생겨. 이 때문에 태풍을 열대성 저기압이라고도 부르지. 이 구름 덩어리들은 바다에서부터 많은 비를 뿌리며 육지로 상륙한 뒤 사라져.

기후는 이런 복잡한 요인들이 조화를 이루어 만들어 낸 자연현상이야. 머리 아프다고? 걱정 마. 연구는 과학자들이 하니까!

화산과 기후

#화산재_성층권으로 #황과수증기섞인_에어로졸 #화산의후예_나쁜공기

화산은 기후에 영향을 크게 주는 요인 중 하나야. 화산이라면 벌건 용암이 터져 나오는 장면을 상상하는 사람이 많겠지만 기후에 큰 영향을 주는 것은 용암이 아니라 화산재야. 화산의 분출력은 대단해서 화산재를 성층권까지 날려 버릴 만큼 강력해. 성층권까지 올라간 곱고 가벼운 화산재는 상층 기류를 타고 온 지구로 퍼져 나간 뒤 몇 달 또는 몇 년 동안 상공에 머물러.

상공에 머무르는 화산재는 태양에너지를 차단하는 효과가 있어. 그 결과 대기권의 최하층인 대류권의 온도가 낮아지는데, 역사 속에는 이로 인해 세계의 기온이 내려가 흉작이 든 해가 있어. 물론 그때는 화산재가 원인인 줄 몰랐지만 현대의 과학자들이 화산재와 흉작 사이의 관련성을 밝혀낸 것이지.

1815년 4월, 높이 4000미터가 넘는 인도네시아의 탐보라 화산이 분출해 100세제곱킬로미터가 넘는 화산재를 격렬하게 분출했어. 화산이 분출하면 화산재와 함께 어마어마한 양의 이산화황과 수증기도 함께 뿜어내는데, 성층권에 올라가서는 황과 수증기가 결합해 에어로졸을 만들지.

에어로졸은 1마이크로미터 정도인 아주 작은 크기의 고체나 액체 방울인데, 연무라고도 해. 연무는 안개와 달라. 안개는 아주 작은 물방울로 이루어져 앞이 안 보일 만큼 뿌연 것이고, 에어로졸은 단순한 물이 아니라 다양한 화합물 방울이거나 고운 재를 이르는 거야.

화산 분출물로 생긴 에어로졸은 황 때문에 노란색을 띠어. 탐보라 화산 때문에 생긴 에어로졸이 온 지구 대기에 퍼지자 안개가 낀 듯 흐리고 맑은 하늘을 볼 수 없었어. 거의 1년 동안 말이야. 이듬해인 1816년에는 이례적인 한파가 찾아왔고 여름이어야 할 6월에 대설이, 7~8월에는 서리가 내리는 전례 없는 일이 벌어졌지.

화산이 터지면 여름에 눈이 올 정도로 지구 대기의 온도가 낮아진다니, 그럼 화산이 더 많이 터져야 좋은 것 아니야? 지금 지구 온난화로 애를 먹고 있으니 말이야. 그런데 그게 꼭 그렇지만도 않아. 탐보라 화산이 터진 뒤 세계에 흉작이 들

갓 태어난
에어로졸

어 식량이 부족해졌어. 당연히 식료품의 가격이 올라갔지. 상황이 이럴 땐 누가 가장 큰 피해를 볼까? 가난한 사람들이야. 돈이 있는 사람들은 흉작이 들어도 식량을 살 수 있어. 하지만 가난한 사람들은 비싼 식료품을 살 수 없어.

에어로졸이 상층에서 땅으로 내려오는 데에는 수 년이 걸려. 당연히 공기의 질이 좋지 않지. 호흡기 질환 환자가 늘고 담수의 질도 나빠져. 그럼 누가 가장 피해를 볼까? 몸집이 작고 면역체계가 약한 어린이와 노인이야. 서식지를 잃고 수가 크게 줄거나 멸종하는 생물도 생겨. 그러니 화산이 터지면 얻는 것보다 잃는 것이 더 많을 수 있지.

1991년 6월 필리핀의 피나투보 화산이 폭발하면서 3000만 톤에 이르는 이산화황을 성층권까지 올려 보냈어. 이때는 나사의 우주 탐사선이 이 과정을 모두 기록에 담을 수 있었기에 과학자들은 보다 정확하게 화산이 기후에 미치는 영향을 연구할 수 있었지. 성층권으로 올라간 이산화황과 화산재와 수증기는 에어로졸이 되어 지구를 감쌌어. 그 결과 지구의 온도는 0.5도 정도 낮아졌어.

하지만 화산으로 인한 지구 냉각 효과는 아주 단기적이야. 에어로졸이 땅으로 내려오면 이 효과는 사라지고 말거든. 오늘날 우리의 염려를 덜 정도로 지구의 온도를 낮추려면 해마

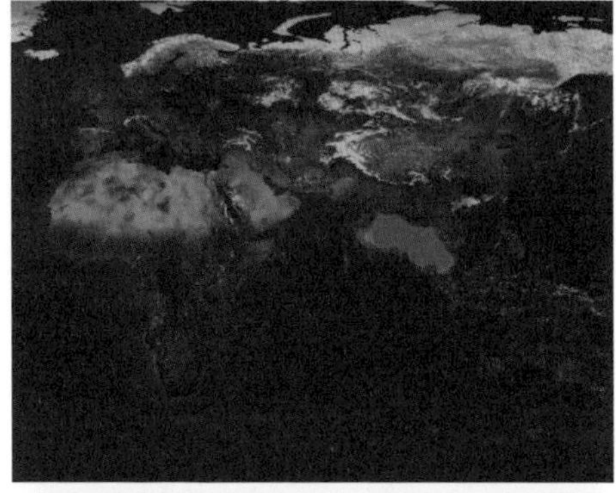

3-1 피나투보 화산이 폭발한 뒤 이산화황(주황색 부분)이 퍼져 나가는 모습을 나사에서 위성으로 관측했어. 사진은 각각 1991년 6월 16일과 17일, 그리고 23일에 촬영한 결과야.

다 탐보라 같은 화산이 터져야 할지도 몰라. 아무리 생각해도 그건 좋은 방법이 아닌 것 같지?

밀란코비치 주기

#지구공전궤도_지구자전축기울기가_변해 #세차운동은_또어떻고

구 유고슬라비아의 천문학자인 밀란코비치(Milutin Milankovitch, 1879~1958)는 지구 운동이 기후에 큰 영향을 미친다고 보았어. 지구의 공전 궤도, 자전축 기울기의 변화, 세차운동, 이 세 가지가 통합적으로 기후에 영향을 준다고 생각했지.

지구는 태양을 중심으로 약간 긴 타원형의 모양으로 공전하고 있어. 공전 궤도가 원이라면 태양이 딱 중심에 있겠지만, 타원 궤도에는 초점이 두 개 있기 때문에 태양은 그 가운데 한 곳에만 있을 수 있어. 태양이 이 초점에서 저 초점으로 막 옮겨 갈 수는 없으니 말이야. 그 결과 지구가 태양을 돌 때 태양과 가장 가까워지는 때가 있고 가장 멀어지는 때가 생겨. 그 점을 각각 근일점, 원일점이라고 해.

그래서 7월 4일경 태양에서 가장 먼 원일점을 지나고 1월

3일 즈음 태양에 가장 가까운 근일점을 지나. 한여름에 태양에서 가장 멀다니 정말 이상하지? 그런데 말이야, 이걸 이상하다고 느끼는 이유는 우리가 북반구에 살고 있기 때문이야. 남반구에 사는 사람들은 당연하게 생각할 거야. 7월이 겨울이니까. 과학자들이 계산한 바에 따르면 원일점과 근일점을 지날 때 지구가 받는 태양에너지의 양은 6퍼센트 정도 차이가 난다고 해. 그런데 이 정도 차이로는 지구의 기후에 별 영향을 주지 않아.

하지만 지구 공전의 타원 궤도는 딱 정해진 것이 아니야. 9~10만 년을 주기로 타원이 서서히 원으로 되었다가 다시 타원으로 돌아가는 궤도 주기가 있어. 지구의 공전 궤도가 가장 긴 타원일 때는 원일점과 근일점의 차이가 훨씬 커서 지구가 받아들이는 태양에너지의 차이가 20~30퍼센트에 이르러. 이 정도면 기후에 큰 영향을 미칠 거야.

밀란코비치는 지구의 공전 궤도보다 자전축의 기울기가 변하는 것이 기후에 더 큰 영향을 준다고 생각했어. 태양에서 가장 멀리 떨어져 있음에도 7월에 북반구에 여름이 오는 이유는, 자전축이 기울어져 있어서 북반구에서 태양에너지를 더욱 많이 받기 때문이야. 왜 궤도보다 자전축의 기울기가 중요하다고 하는지 알겠지?

현재 지구는 공전면에 대해 23.5도 기울어져 있지만 지구의 자전축은 4만 1000년을 주기로 22.1~24.5도 사이에서 변해. 겨우 1도 남짓 기울기가 변하지만 지표에서 받는 태양 에너지의 분포는 크게 달라져. 그 결과는 기후 변화와 곧바로 연결되지. 기울기가 작을수록 겨울과 여름 사이 기온 간극이 좁아지고 기울기가 클수록 간극이 클 거야.

기울기가 지금보다 작아질 때를 볼까? 공기는 따뜻할수록 수분을 많이 함유할 수 있어. 그러니 겨울 공기가 따뜻해지면 습도가 높아져 눈이 많이 오지. 반면 여름은 덥지 않기 때문에 겨울에 온 눈이 덜 녹아. 이와 같은 되먹임이 반복되면 지표의 빙하가 점점 늘어나겠지. 지구의 자전축이 1도만 달라져도 이와 같은 변화를 불러와.

지구의 자전축은 힘이 다한 팽이처럼 돌아. 이것을 세차운동이라고 하는데, 2만 6000년을 주기로 자전축이 제자리로 돌아와. 지금 자전축은 북극성을 가리키고 있는데, 1만 2000년 후에는 직녀성을 가리킬 것이고 2만 6000년 후에 다시 북극성을 가리키게 될 거야. 자전축이 직녀성을 가리킬 때는 지금과 반대 방향으로 축이 기울기 때문에, 지구의 공전 궤도상에서 동지의 자리와 하지의 자리가 바뀌게 될 거야. 그 결과 오늘날과 달리 원일점일 때 겨울이 되고, 근일점일 때 여

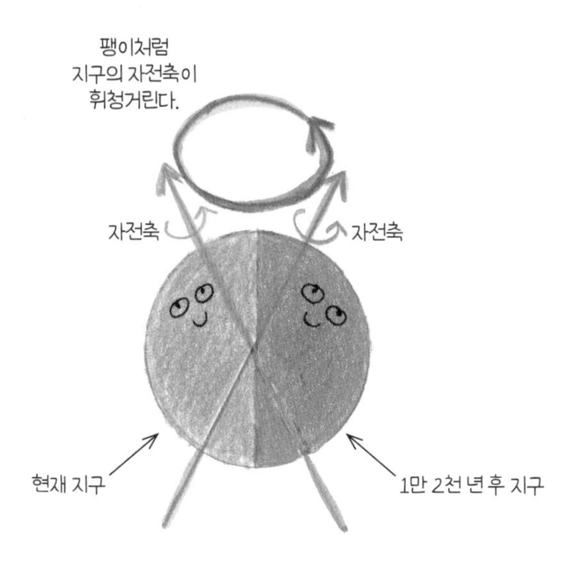

름이 되어서, 겨울은 훨씬 춥고 여름은 훨씬 더워지지. 그러니 기후가 변할 수밖에 없잖아?

밀란코비치는 이런 요소들을 수학적으로 종합해 밀란코비치 주기를 만들었어. 설명한 바와 같이 연구는 매우 복잡하고 어렵지만 그만한 가치가 있었어. 과거 수십만 년에 걸쳐 일어났던 기후 변화는 지구 궤도의 기하학적 구조와 밀접한 관계가 있다는 것을 알게 되었거든.

어찌 보면 이건 당연한 일이야. 지구 기후 시스템을 움직이는 기본적인 에너지가 태양에너지니까. 물론 태양은 그 자리에 가만히 있고 지구의 위치가 이리저리 변해서 생기는 일이지만 말이야.

태양과 기후

#흑점수를_세자 #11년_22년_240년마다_태양의변덕은주기적

지구의 에너지원은 태양에서 오는 복사에너지야. 태양이 없다면 지구도 없고, 지구에서 일어나는 다양한 기상현상도 없고 기후도 없을 거야. 그런데 태양에서 오는 에너지는 늘 한결같을까?

그렇지 않아.

태양도 변덕을 부려.

태양을 찍은 사진을 잘 봐. 표면에 검은 점이 있을 거야. 이것을 흑점이라고 해. 흑점은 매우 작아 보이지만 본영이라 부르는 중심부는 3만 킬로미터에 이르고, 반영이라 부르는 그 주변부까지 합하면 지름은 두 배로 늘어나. 지구의 반지름이 6400킬로미터니까 흑점이 훨씬 큰 거야.

흑점은 표면에 찍힌 점이 아니고 주변보다 온도가 낮아서 검게 보이는 거야. 흑점은 태양 깊숙이 뻗어 있는 자기 폭풍인데, 자력선 주변에 있는 물질은 쇠가 자석으로 끌려가듯 자력으로 묶여 있어. 그 결과 열 순환이 원활하게 이루어지지 않아서 주변보다 온도가 낮아. 광구라 불리는 태양 표면의 온도는 5800K인 데 반해 흑점의 온도는 3800K야. 그래서 검게 보이는 거지.

흑점이 많다는 것은 태양 내부에 자기력선이 많이 생겼다는 뜻이고 활동이 활발하다는 뜻이야. 그래서 우리는 흑점 수를 세서 태양이 활동을 얼마나 활발히 하는지 가늠할 수 있어. 겉만 보고도 속을 판단할 수 있는 거야. 사람도 이럴 수 있다면 얼마나 좋을까.

자, 이제 태양의 흑점을 세어 볼까. 흑점은 극소기에는 하나도 없다가 극대기가 되면 수십 개를 볼 수도 있어. 흑점 수를 세는 것은 아주 간단하고 쉬우면서도 중요한 연구 방법이

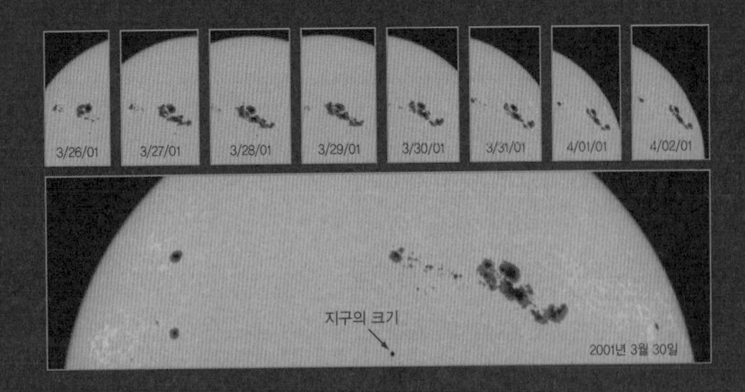

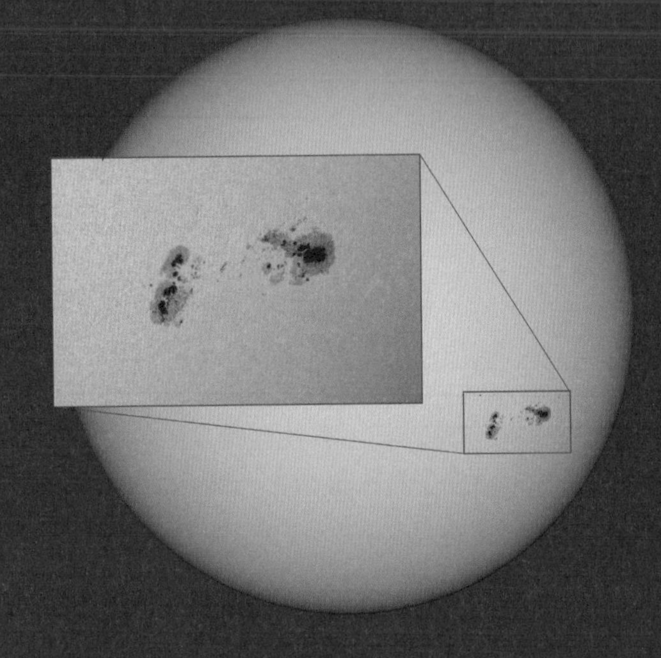

3-2 까맣게 보이는 점 덩어리가 보이니? 우리 사는 지구보다 더 크지? 그런 흑점이 태양에 몇 개나 있을까? 과학자들은 흑점이 가장 많을 때 지구 기온이 올라간다는 상관관계를 관찰기록으로 얻었다지. (출처: NASA)

야. 요즘 천문학자들도 태양을 연구할 때 기본으로 태양의 흑점을 세는 일부터 시작해. 역사에는 1700년경부터 흑점의 수를 센 기록이 남아 있는데, 기록을 분석한 결과 흑점의 개수에 주기성이 있다는 사실이 밝혀졌어. 11년마다 흑점 수의 극대기와 극소기가 반복되어 왔던 거야.

태양 표면에 나타난 흑점은 N극 S극이 쌍으로 나타나는데, 11년이 지나면 극이 바뀌어. 이런 현상을 자기장 역전이라고 해. 그러니 태양 흑점 활동의 진정한 주기는 22년이라고 봐야 해. 그런데, 태양의 흑점은 왜 10년이 아니고 11년마다 수가 변할까? 그건 아직 아무도 몰라.

과학자들은 흑점의 수와 지구 기온 사이의 관계를 알아보았어. 그랬더니 흥미롭게도 흑점의 수가 많은 해에는 지구 기온이 상승하고 그렇지 않은 해에는 기온이 내려가 흑점의 수와 대기 온도 사이에 상관관계가 있다는 사실을 밝혔어. 곧 태양의 활동과 지구 기후 사이에는 관계가 있다는 말이지. 미국의 과학자들은 나무의 나이테를 조사해서 가뭄 주기가 태양 활동의 22년 주기와 잘 맞아떨어진다는 점도 발견했어. 태양 활동은 기온뿐 아니라 강수량에도 영향을 준다는 뜻이지.

우리나라 천문학자들은 고려사와 조선왕조실록을 조사해서 태양 흑점 수는 11년, 60년, 240년 주기로 변한다는 사실을 알아냈어. 아울러 서리에 관한 700여 개의 기록을 태양 흑점 수와 비교해서 기온의 변화 폭도 알아냈지. 그 결과 흑점의 240년 주기와 기후 사이에 있는 상관관계를 밝혀냈어.

물론 태양의 변화가 지구 기온에 어떻게 영향을 주는지 자세한 과정은 아직 알려지지 않았어. 어쩌면 우연히 맞아떨어진 것일 수도 있어. 하지만 11년, 22년, 240년의 주기성을 가진 자연현상을 어디에서 찾을 수 있을까? 그래서 과학자들은 여전히 지구의 기후와 태양 활동 사이에 어떤 상호작용이 있는지 알아내려고 애쓰고 있어. 어쩌면 이 연구는 여러분의 몫일지도!

미량 기체와 기후

#누가_오존에구멍을뚫었는가 #작지만_큰힘

지구 온난화에 영향을 주는 기체로는 이산화탄소만 있는 것이 아니야. 메탄, 아산화질소, 염화불화탄소는 아주 적은 양이지만 지구에서 빠져나가는 긴 파장의 에너지를 재흡수하는 아주 중요한 기체야. 만약 이 기체들이 없다면 적외선 복사의 대부분이 지구를 빠져나가 지구의 온도는 훨씬 낮아질 거야.

메탄(CH_4)의 농도는 1.7ppm으로 이산화탄소의 농도에 미치지 못하지만 적외선 복사를 흡수하는 능력은 이산화탄소의 20~30배에 이를 정도로 커. 지구가 추위에 떠는 것을 막아주는 아주 중요한 기체인 셈이지.

메탄은 주로 산소가 희박한 곳에서 산소 없이 활동하는 혐기성 박테리아에 의해 생겨나는데, 늪, 소택지, 습지대, 소나 양 같은 가축의 내장에서 발생해. 메탄은 인공 습지인 논에서도 생겨나. 석유를 시추하거나 석탄을 캘 때도 부산물로 메탄이 나와. 1800년 이후로 대기 중의 메탄 농도는 2배 이상 늘어난 것으로 보여. 이것은 인간의 활동과 무관하지 않은데, 가축이 늘고 논의 면적이 넓어지면서 생긴 결과거든.

인공적으로 만든 염화불화탄소(CFC)는 성층권에서 오존을 분해하는 주범으로 알려져 있어. 인간이 만들어 대기 중에 뿌린 염화불화탄소 탓에 오존에 큰 구멍이 뚫렸는데, 다행히 이 물질의 사용을 규제함으로써 오존이 다시 살아나고 있다고 해. 그런데 염화불화탄소는 메탄만큼 효과 좋은 온난화 기체이기도 해. 오존에 구멍이 난 것도 큰일인데, 지구 온난화까지 가속시키고 있었던 거지. 염화불화탄소는 대기 중에 수십 년 동안 남아 있기 때문에 지금 사용을 중지한다고 그 효과가

3-3 나사가 만든 메탄분포도(2020년 3월 25일). 이산화탄소에 이어 중요한 온실가스인 메탄은 농경지, 늪, 목장, 영구 동토 등 다양한 곳에서 배출되고 있어.

당장 나타나지는 않아. 그래도 온난화의 원인을 알았다면 사용하지 않는 것이 옳겠지. 다만 효과가 너무 늦게 나타나지는 말길 바라는 마음이 간절해.

웃음 가스라 불리는 아산화질소(N_2O) 역시 꾸준히 늘고 있어. 아산화질소는 농지가 늘면서 그곳에 뿌리는 질소 비료 때문에 생겨. 비료의 질소 성분 중 일부가 공기와 접촉해 아산화질소로 변해 대기 중으로 퍼지는 거지. 이는 매우 미미한 양이지만 아산화질소가 분자 상태로 공기 중에 머무는 시간은 무려 150년! 분해되지 않고 차곡차곡 대기 중에 쌓이면 메탄이 지구 온난화에 주는 영향의 절반에 이르는 온난화 능력을 발휘할 거야.

지구 온난화의 주범이 이산화탄소인 것은 맞지만 이산화탄소만 문제인 것은 아니야. 메탄, 염화불화탄소, 아산화질소가 가세하면 온난화는 더욱 가속될 것이 분명해. 이렇게 변화 양상을 더욱 강하게 만드는 것을 '양의 되먹임 과정'이라고 한다는 것쯤은 이제 말 안 해도 알 수 있겠지?

기온이 높아져 대기 중 수증기가 증가하면 구름의 양이 증가하는데, 구름은 지표가 방출하는 열을 흡수해서 다시 지표로 돌려보내기도 해. 그 결과 기온은 더욱 올라가. 그런데 구름은 그 반대의 일도 해. 태양에너지를 반사해서 우주로 돌려보내는 일도 하는 거야. 이 과정은 지구에 입사하는 에너지의 양을 줄여 기온을 낮추는 효과가 있어. 에너지 출입에 관해서라면 구름은 두 얼굴을 가진 셈이야.

그렇다면 어떤 역할이 우세할까? 과학자들의 연구에 의하면 구름은 기온을 낮추는 효과가 조금 더 크다고 해. 그래서

요즘은 인공강우에 관한 연구에 많은 투자를 하고 있지. 구름이 지구의 기온을 낮추는 효과가 있긴 하지만, 이산화탄소나

미량 기체가 기온을 상승시키는 양에 견주면 그다지 큰 효과가 있는 것은 아니라고 해. 역시 현재 상승하는 기온을 낮추는 방법은 온난화를 유발하는 기체를 감소시키는 것이 가장 좋을 것 같아.

4. 기후와 생태계

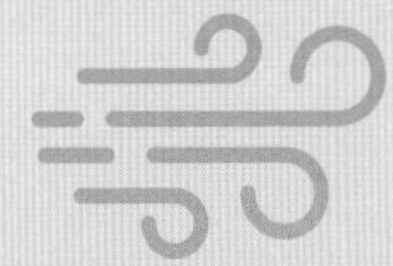

우리는 기후가 변했다는 사실을 계절에서 조금이나마 알아챌 수 있어. 예년보다 너무 덥거나 반대로 덥지 않은 여름, 너무 춥거나 춥지 않은 겨울 등 뭔가 달라졌다는 것을 알아채는 거지. 이런 변화는 점진적이라 그렇게 위협적으로 느껴지지 않아. 하지만 생물들은 아주 작은 변화에도 예민하게 반응하고 변화하는 모습을 보여. 우리는 이런 변화를 잘 지켜보고 대응해서 생물의 다양성을 잃지 말아야 해. 왜냐하면 작은 변화가 쌓여 어느 순간 아무도 살아남지 못하는 거대한 전환점으로 변하기 때문이지. 그래서 생태계가 중요한 거야.

여기서는 우리나라의 생태계를 이야기해 볼까 해. 아무래도 우리가 보고 느끼고 확인할 수 있는 사실이라야 이해하기 쉬울 테니 말이야.

대멸종

#소행성충돌_대멸종의방아쇠 #지구온난화로_대멸종진행중

지구는 46억 년 전, 우주의 먼지가 중력으로 뭉쳐 반지름 6400킬로미터의 고체 덩어리로 생겨났어. 그 이후 어마어마한 변화 과정을 겪으며 오늘날에 이르렀는데, 그중 가장 무시무시한 것을 고르라면 역시 대멸종 사건을 들 수 있어. 대멸종이란 지구에 사는 종의 95퍼센트 이상이 지구에서 사라지는 것을 이르는 말이야. 정말 무시무시하지?

생물이 거의 다 죽을 정도로 끔찍한 결과를 가져오는 천재지변은 무엇이 있을까? 과학자들은 지름 10킬로미터 이상의 소행성이 지구와 충돌하는 것과 거대한 화산 폭발을 가장 중요한 원인으로 꼽고 있어. 사람들은 소행성이 충돌하거나 화산이 터지면 지구 반대쪽에 사는 생물은 괜찮다고 생각하기도 해. 하지만 그렇지 않아.

소행성이 충돌하거나 화산이 터지면 그 주변이 초토화되면서 바로 그곳에 있던 생물은 모두 죽어. 소행성이 지구에 떨어지면 반경 100킬로미터 지역은 흔적도 없이 사라지면서 거대한 크레이터가 남아. 크레이터란 행성, 위성 따위의 표면에

4-1 소행성이 지구에 떨어져 충돌한 상황을 가상으로 만들었어. 이 정도 충돌이면 대멸종하지 않을 도리가 없겠지?! (출처: NASA)

보이는, 움푹 파인 큰 구덩이 모양의 지형이야. 화산 활동이나 운석의 충돌에 의해 생기지. 소행성 충돌로 생긴 크레이터 주변에는 엄청난 열기로 흙과 돌이 녹았다 굳은 흔적이 남아.

돌도 녹는데 생명체가 남아 있겠어? 어림도 없지!

그런데 말이야, 대재앙은 이제부터 시작이야. 충돌할 때 충격으로 돌과 흙, 먼지가 공기 중으로 솟구쳤다가 더 넓은 지역으로 퍼진 뒤 다시 떨어지는데, 이 돌과 흙이 엄청나게 뜨거워. 그 탓에 공기가 2000도에 이를 만큼 뜨거워지지. 소행성 충돌 지역이 아닌 곳에 살던 생물들은 오븐 속에 갇히는 것보다 더 끔찍한 환경에 놓이는 거야. 2000도인 공기를 마신다고 생각해 봐. 정말 끔찍하지?

이게 끝이 아니야. 먼지는 수십 킬로미터 상공까지 올라가 온 지구를 뒤덮고 수 년 동안 사라지지 않아. 소행성 충돌 반대편에 있던 식물은 광합성을 하지 못하고, 그로 인해 초식동물이 죽고 말지. 나아가 그때까지 유지되던 기후가 변하면서 동식물이 삶의 터전을 옮겨야 하는데, 동식물이 살기 좋은 자리를 찾기 전에 기후가 변해 그냥 죽어 버리기도 해. 이렇게 한 종 두 종 그 지역에서 사라지면 지역 생태계가 무너져 동물이 거의 대부분 굶어 죽지. 동물의 영양 상태가 좋지 않으면 새끼를 적게 낳고 새끼도 건강하게 자라지 못해. 그 결과 세대를 거듭할수록 수가 서서히 줄어 멸종하는 거야.

대멸종은 순간적으로 일어나는 일이 아니야. 아주 천천히 오랜 시간에 걸쳐 일어나. 우리가 알아차리지 못할 정도로 말

이야. 물론 지질학적 시간 개념으로 보면 상대적으로 짧다고 여길 수도 있어. 하지만 인간의 시간 개념으론 대멸종이 진행

중이어도 그 사실을 깨닫기 힘들어.

중요한 것은 소행성 충돌이나 화산 폭발은 대멸종의 방아쇠 역할을 한 것이고, 대멸종의 과정은 그로 인한 기후 변화 때문에 벌어지는 현상이라는 점이야.

지구의 역사 중에는 이와 같은 대멸종이 다섯 번 있었어. 6500만 년 전 중생대 백악기 말, 공룡이 멸종한 사건이 가장 잘 알려져 있는데, 그 원인이 바로 소행성 충돌과 화산 폭발로 인한 기후 변화야.

과학자들은 현재 여섯 번째 대멸종이 진행되고 있다고 생각해. 그런데 그 원인은 소행성 충돌이나 화산 폭발로 인한 기후 변화가 아니고, 인간의 활동으로 생긴 이산화탄소 때문에 생긴 지구 온난화, 나아가 그로 인한 기후 변화라고 보고 있어. 대멸종의 원인이 자연재해가 아니라 인간인 거지.

기후 변화는 다양한 변수로 일어나기 때문에 우리가 한 노력이 어떤 형태로 돌아올지 알 수 없어. 하지만 원인을 알고도 가만히 있을 수는 없잖아? 그러니 우리는 뭐라도 해야 하는 거야.

데이지 월드

#흰데이지와검은데이지가_함께있을때_데이지월드가_살아남는다

나사의 과학자였던 제임스 러브록(James Ephraim Lovelock, 1919~)은 지구의 기온을 좌우하는 것은 기본적으로 태양에서 오는 에너지이지만, 지구상에 있는 생물과 태양에너지와 대기가 상호작용하면서 기온이 결정된다고 생각하고, 자신의 생각을 증명하기 위해 '데이지 월드'라는 모델을 만들었어.

데이지는 코스모스처럼 생긴 꽃인데, 노란색, 흰색, 분홍색 등 다양한 색이 있지만 '데이지 월드'에는 검은 데이지와 흰 데이지만 살아. 지금부터 그 이야기를 해 줄게. 참, 데이지는 약 23도에서 가장 잘 자라.

데이지 월드는 땅으로만 이루어진 행성이야. 바다도 없고 빙하도 없어. 옆에는 태양이 있어서 행성에 에너지를 주는데, 이 태양은 밝기 조절 가능한 조명등처럼 현재 태양 밝기의 95퍼센트부터 100퍼센트까지 점차 밝아질 예정이야. 만약 데이지 월드에 아무것도 없다면 태양이 밝아지면 그에 따라 에너지량이 증가할 테니 행성의 표면 온도는 그에 맞게 상승할 거야. 이제, 행성 표면의 온도 변화를 4단계로 나누어 설명해 줄게.

1단계의 행성은 몹시 추워. 23도가 안 되기 때문에 데이지들이 살기에 좋지 않아. 하지만 검은 데이지 꽃이 피면 햇빛을 흡수해서 행성의 온도가 마구 올라가. 10도, 15도, 20도로 급격하게 온도가 오르는 동안 검은 데이지의 수가 급증해. 검은 데이지는 빛을 흡수하는 능력이 있기 때문에 조금 추워도 잘 자라. 반면 흰 데이지는 너무 추워서 자라지 못해. 23도가 될 때까지 행성은 온통 검은색이야.

그러다 23도가 되면 흰색 데이지가 하나둘 꽃을 피워. 검은 데이지도 여전히 왕성하게 꽃을 피워서 행성은 회색으로 변해. 그런데 말이야, 행성의 온도는 23도를 넘어 금방 25도가 되고, 이런 추세라면 30도가 되는 것은 순간이야. 얼마 전에는 너무 추워서 문제였는데, 이제는 너무 더워서 문제인 거야. 자, 이때 아주 극적인 일이 일어나. 흰색 데이지가 햇빛을 반사하면서 온도가 내려가기 시작하는 거야. 그리고 다시 23도를 지나 조금 더 내려갔다가 이내 다시 올라가 23도를 되찾아. 우아, 행성이 다시 살기 좋아졌어. 여기까지가 2단계야.

자, 3단계엔 무슨 일이 벌어질까? 우선 태양은 계속 밝아져서 시간이 갈수록 더 뜨거워진다는 점을 잊지 말아야 해. 햇빛이 더욱 세지면 적도 근처에 있는 검은 데이지들이 살지 못해. 빛이 너무 세서 익어 버리기 때문이야. 결국 검은 데이지는 극지방처럼 추운 곳에서만 살게 돼. 반면 흰 데이지는 빛을 반사하기 때문에 적도에서도 견딜 수 있고 행성의 온도를 낮추는 역할도 하지. 그래서 행성의 온도는 여전히 23도를 유지할 수 있어. 이때 멀리서 보면 적도에는 흰 띠가 있고 북극과 남극은 검은색인 행성으로 보일 거야.

4단계는 태양이 100퍼센트 밝게 빛나는 단계야. 최대 세기의 빛이 행성에 닿으면 검은색은 물론 흰색 데이지도 살아남을 수 없어. 그동안 두 가지 색의 데이지가 열을 흡수하고 반사하면서 유지해 오던 23도를 더 이상 지킬 수 없게 되지. 데이지들이 하나둘 죽고 행성 표면에 아무것도 남지 않으면 행성은 태양에너지를 그대로 흡수해 온도가 빠르게 올라가. 그동안 보호막 역할을 하던 데이지들이 사라지니 아주 뜨거운 행성이 된 거야.

그렇다면 이 모델이 말하고자 하는 바는 무엇일까? 결국 태양에너지가 세면 모두 죽는다?! 아니야. 어떤 행성이 태양으로부터 얻을 수 있는 에너지에 기복이 있더라도, 행성에 생물이 살고 있으면 생물이 살기에 좋은 기온 상태를 오래 유지할 수 있다는 거야. 데이지 월드에 데이지가 없다면 태양이 밝아지는 정도에 따라 행성도 뜨거워지지만 두 가지 색의 데이지

데이지 월드

꽃이 있다는 가정만으로도 태양이 밝아지는 내내 데이지가 살기 좋은 기온을 유지하잖아?

그런데 가만히 생각해 봐. 지구의 표면은 울퉁불퉁하고, 물과 얼음이 있고, 나무와 돌이 있고, 이루 셀 수 없이 많은 생물이 살고 있어. 이 많은 조건이 서로 영향을 주고받으며 살기 때문에, 화산이나 공장이나 자동차에서 나오는 미세먼지가 햇빛을 가리거나, 반대로 오존층이 뚫려 자외선의 양이 늘어나는 변화가 있어도 지구의 평균기온은 크게 변동하지 않고 유지되는 거야. 물론 자연재해가 일어날 당시에는 조금 변하지만 며칠 또는 수년 내에 평형을 찾을 수 있는 것이지.

하지만 생물이 살지 않는다면 문제는 달라져. 기온이 오르거나 내리는 폭주 현상이 일어날 때 막을 장치가 없는 거야. 그래서 생물의 종류가 많을수록 좋아. 이제 짐작이 가지? 왜 동식물 멸종을 막으려고 인류가 노력하는지 말이야.

인류세

#인류가_만드는_지질시대 #빙하기식물은_산많은한국이좋았다네

과학자들은 화석과 암석의 나이를 비교해서 지구의 역사를 구분하는데, 현재 우리가 사는 시대는 1만 2000년 전부터 시작된 신생대 제4기 홀로세(Holocene)야. 그러나 먼 미래에 우리의 후손들이 지질학적 증거를 바탕으로 시기를 구분하면 바로 지금부터 홀로세가 아닌 다른 지질시대가 될 것이라 예언해. 왜냐하면 20세기부터 땅속에 나타난 화석 증거들은 그 이전과 확연히 차이가 날 것이 분명하기 때문이지.

엄청나게 많은 플라스틱 등의 인공물질이 대규모로 매립된 흔적, 현재 인구수보다 두 배나 많은 가축 매장지, 아스팔트나 시멘트와 같은 인공물 등이 남을 것 아니야? 게다가 현재 진행되는 여섯 번째 대멸종 결과 20세기 이후의 지층에는 동물의 종이 급격히 줄어드는 양상이 보일 거야. 20세기 이후 인간의 활동으로 변한 지구의 환경이 땅속에 고스란히 남는 거지.

그래서 붙은 지질시대의 이름은 인류세! 인류가 지구를 좌우한다는 뜻이야.

지질시대의 이름을 정할 때는 그 시대를 대표할 수 있는 지역의 이름을 붙이는 것이 관례인데, 인류세는 지구를 변화시키는 주체를 지목하고 있어. 그럼 후세가 땅속을 들여다본 후, '인류세에 살았던 인류는 지구를 위기에 빠트리기도 했지만, 결국은 인류가 모두 힘을 합쳐 자연을 복구하고 인류문명이 사라지지 않도록 지켜 냈다'는 평가를 하도록 만들려면 어찌해야 할까? 우선 현재 상황이 어떤지 알아야 할 거야. 특히 우리나라의 상황을 말이야.

우리나라는 같은 위도에 있는 다른 나라보다 생물의 다양성이 매우 높아. 비슷한 위도에 있는 영국과 자생하는 고등식물의 수를 비교하면 영국이 1500종인 데 비해 우리나라에는 4500종이 자라고 있어. 종의 수가 무려 세 배나 많은 거야. 왜 이럴까? 이유는 크게 두 가지로 볼 수 있어. 빙하기와 산이 그 이유야.

2만 년 전 지구에 큰 빙하기가 왔을 때 북극에서 내려온 빙하는 중위도 지방까지 내려와 유럽 대부분이 빙하 아래 놓였어. 그 탓에 식물이 모두 얼어 죽고 말았지. 식물 입장에선 빙하기에 살아남을 수 있는 유일한 방법은 빙하보다 높이 솟은 산으로 씨를 날리는 거야. 다음 세대는 빙하가 닿지 않는 곳에 싹을 틔우도록 말이야. 영국에는 빙하보다 높은 산이 없었

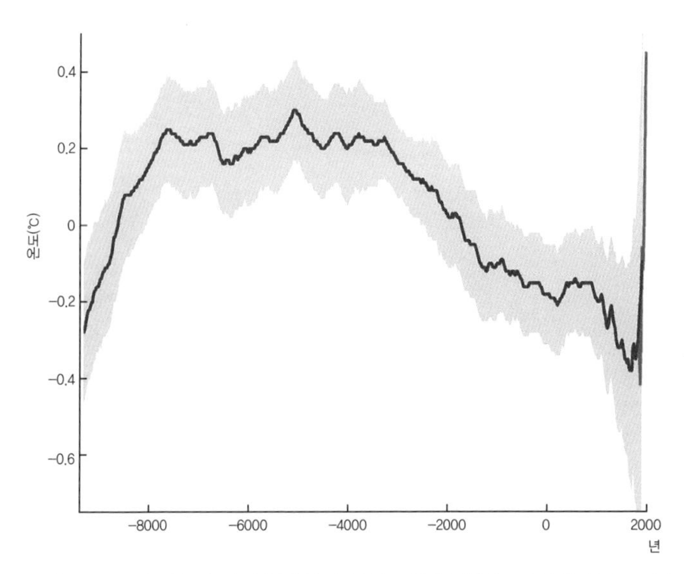

4-2 홀로세 지구 기온 변화. 지구의 연평균기온은 파란 선이 보여 주듯 점진적으로 변해 왔지만, 2000년대에 들어서자마자 급격하게 상승했어. 빨간 선을 잘 봐. 파란 선은 Marcott와 그의 동료들이 2013년에 발표한 논문에서 가져왔고, 빨간 선은 해들리 기후예측연구소와 기후 연구 유닛(HadCRU)이 최근 온도를 재고 평균해서 알아낸 값이야.

어. 하지만 우리나라는 백두에서 한라까지 이어지는 높은 산맥이 있어서 많은 동식물이 빙하를 피해 살아갈 수 있었지.

기온이 올라가 빙하가 북으로 물러가고 땅이 드러나면 높은 산에 있던 식물은 자신이 살기에 알맞은 온도를 찾아 다시 내려와. 그리고 다시 번성해. 그러나 빙하기에 거의 모든 식물이 멸종한 영국에서는 간빙기가 와도 식물이 그전처럼 번성하지 못해. 멸종되었기 때문이야.

4. 기후와 생태계

자, 생물의 멸종을 막는 일이 얼마나 중요한지 알겠지? 한 번 사라지면 그 생물은 지구상에 다시 나타나지 않아. 그리고 예전의 다양성을 찾으려면 정말 오랜 시간이 필요해. 하지만 수가 적어도 멸종하지 않으면 여러 가지 조건이 맞을 때 다시 번성할 수 있어. 그래서 살아 있는 것이 중요해. 아무리 작은 생물이라도 말이야.

다양한 생물이 지구상에 존재해야만 하는 이유는 뭘까? 데이지 월드 모델에서도 알 수 있듯이 태양, 땅, 공기, 물, 생명체가 서로 영향을 주고받으며 균형을 유지해야만 살기 좋은 환경을 조성할 수 있기 때문이야. 생물의 종류는 많으면 많을수록 좋아. 그래야 환경 변화가 생겼을 때 그에 대응할 맞춤한 능력이 있는 생물이 반드시 있을 테니까.

구상나무

#시원한곳으로_더높이가보자 #기온이오르는속도가_빨라도너무빨라

지구의 평균온도가 몇 도나 될까? 뭐? 생각해 본 적이 없다고? 물론 그렇겠지. 누가 지구의 평균온도 같은 걸 궁금해하겠어? 하지만 말이야, 우리는 지구가 없다면 이 세상 구경도

못 했을 지구인이란 말이지. 그러니까 지구에 대한 기본적인 지식은 알고 있는 게 좋아.

지구의 연평균기온은 약 15도야. 연평균기온은 해마다 조금씩 다르긴 하지만 세계의 산업화 이후 1도 정도 더 올라갔어. 겨우 1도 오른 것 가지고 뭘 그렇게 호들갑이냐고 할지 모르겠지만 이건 1년 평균기온이라는 점을 잊지 말아야 해. 게다가 기상 관측이 시작된 이래 가장 더운 연도 1위부터 20위까지가 놀랍게도 지난 22년 사이에 있었어. 그러니까 갈수록 더워진다는 뜻이지.

지구가 더워지고 있는 것을 설명할 때, 북극의 얼음이 녹아 어쩔 줄 몰라 하는 북극곰이나 해수면이 상승해 사라질 위기에 놓인 투발루 섬 등을 예로 드는데, 사실 직접 보지 않아서 실감하기 쉽지 않아.

뭐? 우리나라 이야기를 해 보라고? 그거 좋은 생각인데!

최근 30년 동안 자료를 보면 개나리, 벚꽃처럼 봄에 피는 꽃의 개화 시기가 일주일가량 앞당겨졌다고 해. 지구의 온도 전체가 올라가 겨울이 짧아졌기 때문이야. 꽃이 일찍 피고 지고 여름이 더 빨리 찾아오지. 과학자들이 지난 100년간 기록을 살펴본 바에 의하면, 봄철에 꽃이 피는 식물의 개화 시기가 무려 한 달이나 빨라졌다고 해. 게다가 얼마 전 남해안에

4-3 구상나무 열매는 처음이라고? 크리스마스트리로 쓰이는 구상나무는 추운 날씨를 좋아해. 그런데 우리나라가 점점 더워지면서 말라 죽는 나무가 늘고 있어. (출처: 위키피디아)

서 볼 수 있었던 동백꽃을 이제는 중부지방에서도 볼 수 있어. 나무가 시원한 곳을 찾아 북상한 거지. 그게 뭐 그렇게 큰일이냐고? 큰일이야. 잘 들어 봐.

구상나무라고 들어 봤니? 크리스마스가 되면 선물을 주렁주렁 달아 놓는 나무 있잖아? 그 나무가 바로 구상나무야. 20세기 초에 외국인들이 우리나라에만 자생하는 구상나무를 가져가서 키운 뒤 잘라서 크리스마스트리로 썼지. 당연히 외국에 있는 구상나무는 자생종이 아니라 원예종, 곧 보고 즐기기 위해 사람이 키우는 수종이야.

추운 날씨를 좋아하는 구상나무가 한라산에 자생하는 숲이 있는데, 이 나무숲의 크기가 점점 줄고 있다고 해. 우리나라가 더워져서 겨울이 짧아지고, 눈이 오지 않아 강수량이 줄면서 말라 죽는 나무가 늘고 있는 거지. 과학자들이 구상나무의 나이테를 조사해 보니 1970년대부터 성장 속도가 느려졌다고 해. 나무는 덥고 목말라서 죽겠는데 아무도 그렇다는 것을 몰랐던 거야.

구상나무는 시원한 곳을 찾아 더 높은 곳으로 가야 해. 공기는 위로 올라갈수록 온도가 낮아지니까 말이야. 만약 연평균기온이 아주 천천히 오르면 구상나무의 씨앗 중 조금 더 높은 곳에 떨어진 것이 싹을 틔우고 살아남을 수 있기 때문에 산 아래 살던 구상나무가 말라 죽어도 숲의 크기는 변하지 않아. 위쪽에 새로운 나무가 살아남았으니까. 하지만 온도가 너무 빨리 오르면 산 아래쪽 더운 곳에서 죽는 나무의 수와 높은 곳에서 싹이 트는 나무의 수가 같지 않아. 나무가 자라는 데는 오랜 시간이 필요하지만 죽는 것은 한순간이거든. 그래서 구상나무가 모두 사라지고 마는 거야.

지구의 기온이 천천히 오르더라도 계속 오르면 곤란해. 한라산이 높아도 끝이 있어. 한라산 꼭대기까지 가면 그 위로 더 이상 올라갈 수 없잖아. 구상나무가 발이 있어서 산을 내려와 바다를 건너 불쑥 대륙으로 갈 수도 없고 말이야.

아, 동백꽃은 육지에 있어 다행이라고? 북쪽으로 갈 수 있으니! 있잖아, 지구의 온도가 아주 천천히 오르다 멈출 때 다행이라는 말을 쓰는 거야. 온도가 빨리 오르면 동백꽃 역시 북쪽에 새로 자라는 나무보다 남쪽에서 말라 죽는 나무가 많아서 멸종할 수도 있어.

결론은 기후가 변하더라도 생물이 대처할 여유가 있을 정도로 천천히 변해야 한다는 거야. 현재 기후 변화 속도는 너무 빨라서 어떤 생물종도 대응할 수 없어. 기후 변화 속도를 줄이는 방법은 오직 하나, 우리가 배출하는 이산화탄소의 양을 줄이는 것이야. 우리가 확실히 아는 유일한 방법이지.

개구리와 도마뱀

#너무더워_영양실조에걸린도마뱀 #빨리나오려는알_성체가되지못한개구리 #생태계의고리가_더위로끊어지다

양서류와 파충류는 생태계에서 아주 중요한 역할을 해. 대표적인 양서류로는 개구리를 들 수 있는데, 이들은 물에서도 살고 뭍에서도 살지만 알은 반드시 물에 낳고, 폐호흡과 피부

호흡을 동시에 해서 피부가 물에 젖어 있어야 해. 반드시 물이 있어야 사는 동물이야. 파충류의 대표적인 동물은 도마뱀으로, 이들 역시 물과 뭍에서 동시에 살지만 알을 낳으러 물에 갈 필요가 없어. 단단한 껍데기에 싸인 알을 낳기 때문에 수분이 증발할 염려가 없어 육지에 알을 낳을 수 있어서야.

개구리와 도마뱀은 생태계에 아주 중요해. 몸집이 큰 동물의 먹이가 되기 때문에 양서류와 파충류의 수가 줄면 큰 동물의 수도 줄고, 곤충이나 애벌레를 먹이로 삼아서 곤충의 수가 너무 많아지지 않게 조절하는 역할도 해. 생태계의 중요한 고리 역할을 하는 거야.

도마뱀은 외부의 온도에 따라 체온이 변하는 변온동물이야. 바깥 온도가 높으면 활동성이 좋아지고 깨어 있는 시간이 길어. 그렇다고 외부 온도가 높아지는 것을 마냥 좋아하는 것은 아니야. 한낮의 기온이 너무 높으면 그늘을 찾아 쉬는 시간이 길어지면서 오히려 활동하는 시간이 줄어. 반면 깨어 있어서 신진대사는 높은 상태라 배가 빨리 고파지지. 하지만 밖이 너무 더워 사냥을 할 수 없어. 결국 영양실조에 걸리게 되는데, 이 때문에 알도 많이 낳질 못해. 이런 일이 여러 해 반복되면 도마뱀의 개체수가 줄고, 멸종을 면할 수 없지.

도마뱀은 온도에 아주 민감하기 때문에 이미 지구상의 도마뱀 가운데 5퍼센트는 찾아볼 수 없고, 이 상태로 온도가 올라가면 2050년에는 20퍼센트에 이르는 도마뱀이 멸종할 것이라고 해. 그러면 도마뱀을 먹고사는 새와 뱀이 연이어서 멸종할 거야. 굶어 죽는 거지. 반면 도마뱀이 먹던 곤충이 늘어서 생태계에 큰 혼란이 일어날 거야.

개구리는 또 어떻고? 기온이 올라가면서 개구리들은 알을 빨리 낳아. 그런데 말이야. 개구리가 알을 빨리 낳고 싶어도 아무 때나 낳을 수는 없어. 기온에 맞추어 알 낳는 시기를 앞당기려면 개구리가 빨리 성장해서 성체가 되어야 하는데 그게 마음대로 되지 않는단 말이지.

만약 기후가 천천히 변한다면 개구리 중에 성장이 빨라서 남보다 하루이틀 일찍 낳은 알만 살아남아 올챙이가 되고 개구리가 되면서, 세대를 거듭할수록 천천히 알 낳는 시기를 당길 수 있어. 자연의 변화에 적응해서 살아남는 일은 절대적으로 시간이 필요해.

과학자들의 말에 따르면 지금처럼 기온이 올라가면 2050년 무렵이면 개구리가 30일이나 일찍 알을 낳아야 하지만, 개구리는 그럴 수 없어. 우리나라 벚꽃의 개화 시기는 100년 전보다 한 달이나 빨라졌다고 해. 벚꽃도 개화 시기를 한 달 앞당기는 데 100년이나 필요한 거야. 식물과 단순 비교할 순 없지

만 개구리에게는 100년보다 더 긴 시간이 필요할 수도 있어.

개구리의 수는 알을 낳고 번식하는 봄철의 강수량과 매우 밀접한 관계가 있어. 겨울에 눈이 오지 않았는데 봄에 비마저 오지 않으면 개구리는 살아남을 수가 없어. 불행히도 지구 온난화가 심해지면서 강수량이 불규칙하게 변해 개구리처럼 몸집이 작은 동물들이 먼저 죽어. 온난화의 주범은 인간인데 그 피해를 개구리가 보는 셈이야.

개구리의 수가 줄고 개구리가 잡아먹던 곤충과 애벌레의 수가 기하급수적으로 늘면 무슨 일이 벌어질까? 곤충과 애벌레가 농작물의 잎을 먹어 치워 그 곤충은 해충이 돼. 익충, 해충은 인간의 기준으로 정하거든. 인간들은 해충을 죽이겠다고 농약을 잔뜩 뿌릴 거야. 결국 그 농약은 돌고 돌아 인간의 몸속에 쌓일 텐데, 그런 것은 안중에 없어. 당장 벌어들일 돈이 중요하니까. 거기서 끝나는 게 아니야. 결국 몸에 좋지 않은 물질이 몸에 쌓여 인간도 오래 버틸 수 없어. 다 같이 이 지구에서 사라지는 수밖에 없는 거지.

그러니 개구리와 도마뱀을 잘 돌봐야 해.

가축

#가축사료옥수수는_열대우림산이제맛 #맹그로브숲을먹고_통통한흰다리새우

아마 불고기 싫어하는 사람은 없을 거야. 혹시 우리나라에 소, 돼지, 닭과 같은 육류용 가축이 몇 마리인 줄 알아? 돼지는 약 1000만 마리, 소는 320만 마리, 오리는 650만 마리, 닭은 무려 1억 7000만 마리나 사육되고 있어. 정말 엄청나지? 이렇게 많이 키우는데도 육류가 모자라 외국에서 수입해야 한다고 하니, 정말 고기를 좋아하나 봐.

가축들은 뭘 먹고 살까? 원래 소들은 풀을 뜯고, 돼지는 풀도 뜯고 사냥도 하고, 닭은 흙 속에 숨은 애벌레나 흩어진 씨앗을 먹어야 하는데, 가축들이 이런 걸 먹을 리가 없지. 가축은 사료를 먹어. 저렇게 어마어마한 수의 가축들을 먹이려면 사료를 수입해 와야 해. 그렇다면 외국에선 사료를 어떻게 만들까?

멀쩡한 숲을 다 밀어 버리고 거기에 옥수수를 심거나 목초지를 만들어. 그럼 무슨 일이 벌어질까? 우선 이산화탄소를 흡수해서 광합성을 하던 나무들이 사라지는 것이 가장 큰 문제야. 나무가 사라지면 햇빛을 가려 주던 잎이 사라져 땅이 단단하게 굳고, 땅이 굳으면 비가 와도 물이 땅속으로 스며들지 못해서 물난리가 나. 나무뿌리가 없어서 흙이 물을 품지 못하니 다음에 비가 안 오면 금방 가뭄이 들어. 흙바람이 불고, 여름에는 고온, 겨울에는 저온이 이어져. 나무가 없으니 기온 조절을 해 줄 수 없는 거야. 결국 온난화가 가속화되고 말아.

문제는 이뿐이 아니야. 가축들은 어마어마한 양의 사료를 먹어 치워. 열대우림을 밀어 버리고 그곳에 지은 옥수수와 풀의 양 또한 엄청나. 과학자들의 계산에 따르면 그 땅에 농사를 지으면 훨씬 더 많은 사람에게 식량을 제공할 수 있다고 해. 게다가 이 많은 동물이 순전히 인간의 식재료가 되기 위해 사육되고 있다는 생각을 해 봐. 이건 동물권의 관점에서 보아도 비윤리적이야.

그러니 결론은 하나, 육식을 줄이고 채식 위주의 식사를 하는 것이 좋아.

육지에서만 가축을 키우는 것이 아니야. 사람들이 새우에 맛을 들이자, 새우농장도 생겨났어. 설마 살이 통통한 10센티미터가 넘는 흰다리새우와 블랙타이거새우가 자연산이라고 생각하는 건 아니겠지? 적도를 중심으로 열대, 아열대 지방에서 새우를 양식하는데, 사람들은 양식장을 만들려고 맹그

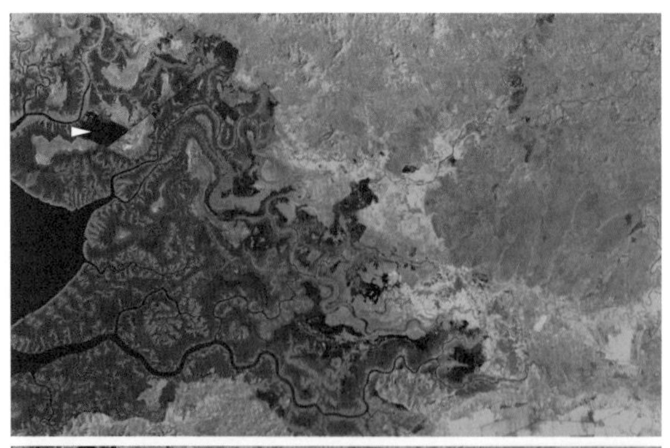

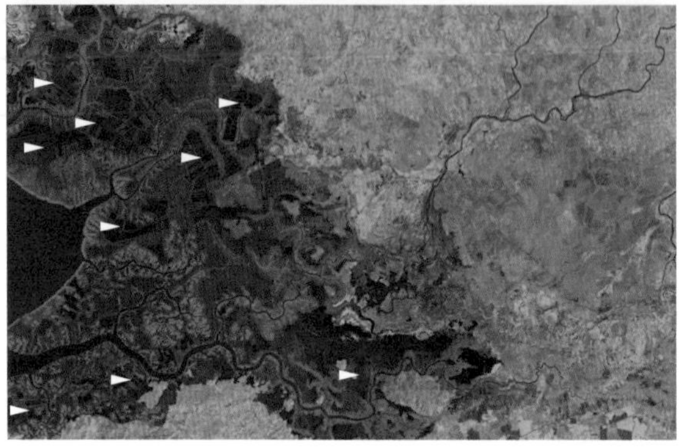

4-4 위의 사진에서 옅은 분홍색으로 보이는 부분은 땅이야. 초록색은 물론 나무가 있는 지역이지. 하얀색 삼각형이 가리키는 검은색 사각형이 새우 양식장인데, 아래 1999년의 사진에서는 이 사각형 양식장이 광범위하게 늘어난 걸 확인할 수 있어. 맹그로브 숲을 깎고 양식장을 만든 거지. 불과 10년 남짓한 동안 일어난 일이야(1987년과 1999년). (출처: NASA)

로브 숲을 파괴했어. 맹그로브는 연안 지역의 침식을 막아 주고 태풍이나 쓰나미가 밀려올 때 자연 방파제 역할을 해. 그런 맹그로브를 모두 자르고 그 자리에 양식장을 만들었으니 어떻겠어? 지진성 해일이 일어나면 꼼짝없이 파도가 인가로 몰려와 주민들은 큰 피해를 입고 말아. 맹그로브가 이산화탄소를 흡수하지 못하는 것은 물론이고 말이야.

하지만 이건 눈에 보이지 않고 효과가 늦게 나타나니 사람들은 피부로 느낄 수 없어. 그런데 해일이나 쓰나미는 어때? 그것 때문에 사람이 죽고 집이 부서지잖아.

이젠 후회해도 소용없어. 예전처럼 무성한 맹그로브 숲이 연안에 되돌아오려면 수십 년, 아니 어쩌면 수백 년이 걸릴지도 모르거든. 그전에 살던 다양한 수생 생물이 돌아온다는 보장도 없어. 게다가 양식장 새우들을 먹이는 데 드는 비용이, 그 지역 사람들이 먹는 데 쓰는 비용보다 많아. 그 지역에 사는 사람들은 예전에는 낚시를 해서 자급자족을 한 뒤 남은 것은 내다 팔아 생필품을 구입했어. 그런데 이제는 아무리 물고기를 많이 잡아도 소용없어. 모두 갈아서 새우를 주고, 그것도 모자라 다른 곳에서 생선을 사 와야 해. 주민들은 새우를 더 비싸게 팔면 손해가 아니라고 생각하지만, 가만히 생각해 보면 새우를 팔면 팔수록 손해보는 거라고.

결론은 우리가 새우를 많이 먹으면 먹을수록 열대 지방의 연안 생태계가 망가지고, 생태계가 망가지기 때문에 생기는 피해를 고스란히 그 지역민이 짊어진다는 거야. 그러니 새우도 조금 적게 먹는 걸로!

인간

#화석연료를태우고_숲도태우고_대기는_이산화탄소만땅

사람들은 산업화 시대 이후 석탄을 태우면서 인간이 적극적으로 기후 변화에 개입했다고 생각하지만, 실은 그렇지 않아. 아주 오래전부터 인간은 넓은 지표면을 변화시켜 알게 모르게 기후에 영향을 주어 왔어.

8000년 전 사람들은 농지를 확보하기 위해 산림을 개간했고, 5000년 전에는 쌀처럼 수경 경작이 필요한 작물을 위해 더욱 적극적으로 농지를 확보해 왔어. 농지를 확보하려면 나무나 초본이 차지하던 땅에서 나무와 초본을 없애고 토양이 드러나도록 해야 하는데, 완충과 단열 역할을 하는 식물이 사라지면 큰비가 왔을 때 토양이 깎이고 햇빛을 받았을 때 물기가 말라 지표는 빠른 속도로 황폐화되지.

지표의 성질이 달라지면 공기의 흐름인 바람의 효과가 달라져. 예를 들어, 물이 많은 논 위를 지나면 공기의 습도가 높아지고, 산화철이 많은 사막 지대를 지나면 공기에 철분 함유량이 높아져. 나무가 많은 곳에선 공기의 흐름이 느려져서 바람이 줄고, 계곡이나 빌딩이 많은 도시에선 바람이 훨씬 세게 불어. 이처럼 땅 위에 무엇이 있느냐에 따라 대기의 흐름과 성분이 바뀌는 거야. 그러니까 인간이 기후 변화에 영향을 끼친 것은 농사를 짓던 8000년 전으로 거슬러 올라갈 수 있는 거야. 어제오늘 일이 아니란 말이지.

인간이 기후에 확실히 영향을 주었다고 생각할 수 있는 요소는 두 가지야. 첫째는 과다한 이산화탄소를 대기 중에 추가한 것이고, 둘째는 인간의 활동으로 다양한 에어로졸이 대기 중에 추가되었다는 점이야.

이산화탄소는 지구 대기의 구성 성분으로 지구 대기의 겨우 0.038퍼센트를 차지할 뿐이야. 매우 적은 양이지만 지표가 내놓는 열을 재흡수하기 때문에 지구를 따뜻하게 유지하는 데 없어서는 안 될 중요한 기체야. 하지만 너무 많으면 부작용이 생겨. 따뜻함을 넘어서 뜨겁게 만드는 것이 바로 부작용이야.

지난 200년 동안 인간은 화석연료를 마음껏 태우며 고대의 생물들이 몸속에 가두어 두었던 이산화탄소를 다시 대기 중으로 풀어놓았어. 그 결과 1800년에 280ppm이던 이산화탄소의 농도가 2000년에는 370ppm으로 34퍼센트나 늘었어.

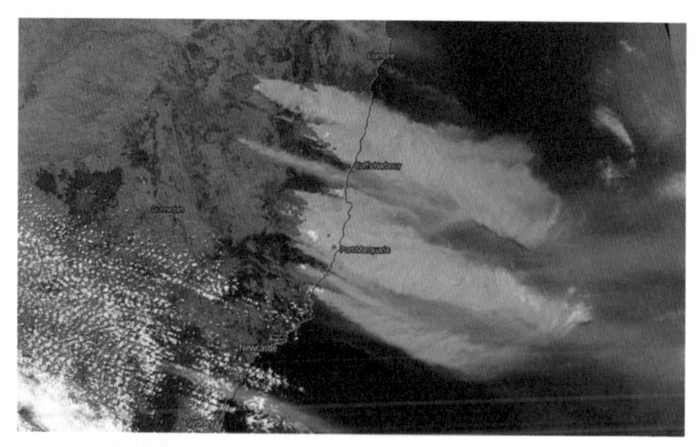

4-5 2019년 11월에 있었던 호주 산불을 기억하니? 이 산불로 막대한 양의 지구 온난화 유발 기체 이산화탄소가 뿜어져 나왔어. (출처: NASA)

1800년 이전에는 이산화탄소의 농도가 거의 변하지 않았는데 말이야.

게다가 산림에 불이 나면서 나오는 이산화탄소도 무시 못 할 양이야. 2019년 오스트레일리아 동부의 숲을 거의 다 태우면서 코알라와 같은 동물 수백만 마리를 죽게 만든 불은 식물이 품고 있던 탄소를 이산화탄소로 대기 중에 방출했어. 또 플랜테이션 농업을 위한 농지를 얻기 위해 열대우림을 태우는 일이 비일비재한데, 이때도 막대한 양의 이산화탄소가 대기에 더해져. 결국 대기에 온난화를 부추기는 가스의 양이 느는 것이지.

이렇게 이산화탄소의 양이 늘면 진짜 대기의 온도가 상승할까?

정말 그래!

해마다 평균기온을 기록한 그래프를 보면 20세기 100년 동안의 기온 증가 폭은 19세기 이전 어떤 세기의 증가 폭보다 커. 1980년 이후에는 4~5년 주기로 역사상 가장 더운 날의 기온을 갱신하고 있어. 이와 같은 양상은 나무 나이테, 빙하 코어, 산호, 역사 기록으로 확인한 온도의 추이와도 맞아떨어져. 과학자들은 이산화탄소가 대기에 추가되어 생겨난 지구 온난화는 인간의 활동이 가장 큰 원인이라고 보고 있어.

기후 변화에 관한 정부간위원회 IPCC는 2100년이 되면 전 지구의 지표 온도는 6도까지 증가하고, 이런 추세로 지구의 온도가 올라가면 지난 1만 년 동안 한 번도 경험하지 못한 고온의 지구에서 살게 될 것이라고 해.

한 번도 경험하지 못했다는 말은 두렵기도 해. 아무도 미래를 예측할 수 없다는 뜻이니까. 원래 기후는 예측 가능해야 하는데 말이야.

5. 순배출 제로!

기후 변화를 일으키는 가장 큰 원인은 급증한 이산화탄소의 양이야. 지난 200년 동안 인간은 한 번도 경험해 보지 못한 진한 이산화탄소 속에서 살고 있어. 원인을 알았으니 대책을 세워야겠지? 기후 전문가들은 인간이 할 수 있는 일은 이산화탄소를 포함한 온실가스를 관리하는 일이라고 결론을 내렸어. 온실가스를 줄이려면 지구인들은 그간 지내 오던 거의 모든 관습을 바꾸어야 해. 여기에는 정치, 언론, 여성, 생활 방식, 사고방식 등 이런 것이 온실가스와 무슨 관계가 있는지 고개를 갸웃거릴 내용도 포함되어 있어. 기후 변화란 단순히 지구의 온도가 1~2도 올라가는 문제가 아니라, 그동안 인간이 불합리한 방식으로 살아온 대가를 치르는 과정이거든.

자, 그럼 우리가 어떻게 해야 온실가스 배출을 줄여 기후 변화에 합리적으로 대응할 수 있는지 알아보고 실천해 보자!

언론

#인간이_기후변화의원인이라는_과학적분석 #편견에의한균형은_비겁해

영국의 《가디언》지는 2019년 기사에서 기후 변화는 너무 온건한 표현이고, 이제 기후 비상, 기후 위기, 기후 붕괴라고 해야 옳고, 지구 온난화 대신 '지구 가열화'라는 용어를 쓰는 것이 적합하다는 의견을 냈어. 왜냐하면 기후란 원래 우리가 느낄 수 없을 정도로 천천히 변해 지구상의 모든 생물이 그 변화에 적응할 수 있어야 하는데, 요즘은 기후 변화가 자연재해의 형태로 빈번하게 나타나기 때문이야.

거대한 태풍이 와서 주거지와 수원지를 파괴하면 쉴 곳, 먹을 것, 입을 것이 부족해져. 당장 배고프고 춥고 피곤하면 사람들은 평소에는 하지 않던 생각과 행동을 해. 그래서 남의 물건에 손을 대거나 폭동을 일으킬 수 있어. 또는 태풍이 온다는 예보를 들으면 태풍이 오기 전에 물건을 사재기해서 상점이 텅 비기도 해. 이렇게 일상생활에 피해를 줄 정도면 기후 변화라는 말은 그다지 옳은 것이 아님이 분명해. 그래서 좀 더 적극적으로 표현한 용어를 쓰자고 하는 것이지.

기후 변화가 위기인 시대에 우리가 가장 먼저 해야 할 일은 뭘까? 기후 위기를 과학적으로 잘 이해하는 거야. 아는 것이 힘이라는 말도 있잖아? 기후 변화가 왜 위기의 수준까지 왔는지 확실하게 이해를 해야 적절한 대비는 물론, 위기 상황이 왔을 때 우왕좌왕하지 않고 잘 대처할 수 있어. 당장 나, 가족, 공동체, 국가, 나아가 지구를 안전하게 지키려면 우리가 당면한 기후 위기를 과학적으로 설명한 내용들을 제대로 알아야 해.

그다음으로 자연재해처럼 큰 피해를 당하지 않더라도 기후 변화의 속도는 인류 문화에 위협을 줄 정도로 빠르다는 사실을 인지해야 하는데, 그것이 쉽지 않아. 오죽하면 과학자들조차 〈합의에 대한 합의〉라는 논문을 썼겠어. 이 논문은 16명의 과학자들이 모여 1991년 이후에 나온 대기과학에 대한 논문 1만 2000편을 분석해서 기후 변화가 정말 과학적으로 일어나는 일인지 분석한 논문이야. 그러니까 논문에 대한 논문인 셈이지.

과학자들의 분석에 따르면 오늘날 기후 변화의 원인이 인간 활동이라는 데에 97퍼센트의 논문이 동의하고 있고, 최근에 나온 논문일수록 '인간 활동에 의한 기후 변화'에 100퍼센트 동의한다고 해.

기후 변화가 과학적으로도 옳다는 것이 증명되었으니, 이제 그 사실을 보통 사람들이 어떻게 알 수 있는지 생각해 볼까. 사람들은 기후 위기에 대한 사실을 언론을 통해 알게 돼. 그럼 언론은 얼마나 정확하고 공정하게 기후 변화에 대해 보도할까?

언론사는 공정성을 생명처럼 생각하기 때문에 어떤 사안을 보도할 때 상반된 의견을 모두 듣고 다뤄. 그래서 기후 변화에 대한 보도를 할 때도 기후 변화가 심각하다는 과학자들의 이야기와 아직 우려할 수준이 아니라는 기후 변화 반대론자들의 이야기를 함께 다루곤 하지. 공정해야 한다고 생각하기 때문이야. 그런데 이것은 과연 공정할까?

기후 변화는 이미 위기 상황인 것이 확실해. 결국 그 상황을 과학적으로 이해하지 못한 사람들은 몰라서 위기가 아니라고 하는 거야. 이런 현상을 두고 '편견에 의한 균형(Balance as Bias)'이라고 해. 공정보도라고 하지만 사실은 공정하지 않다는 거지. 왜냐하면 기후 위기는 이미 드러난 사실인데, 언론이 이렇게 공정을 내세워 확실한 입장을 보이지 않으면, 사람들이 기후 변화는 여전히 논쟁 중이니 위기인지 아닌지 모르겠다며 판단을 뒤로 미루는 현상이 나타나기 때문이야. 이건 마치 불이 난 것이 확실한데, 저 연기는 불이 아닐 수도 있다는 주장 때문에 모두 불구덩이에서 살아나지 못하는 것과

같아.

그러니 언론은 현재 상황을 확실히 인지하고 제대로 알리는 교육의 역할도 해야 하는 거야. 그것이 제대로 된 언론이야.

정치

#교토의정서에서빠진_이기적인_부시 #국제기후협력체제는_효과가있다

언론이 '편견에 의한 균형' 보도를 하는 이유는 정치, 외교와 무관하지 않아. 1988년, 전 세계 과학자들이 기후 변화에 대해 과학적으로 평가하는 IPCC가 설립되었어. IPCC는 정치와 무관하게 과학적 검토만을 통해 아주 엄격하게 기후 변화를 평가하는 공신력 있는 단체야. 2050년에는 이산화탄소 배출량 0에 도달해야 하고, 연평균기온 상승 폭을 1.5도로 제한해야 한다는 보고서를 쓴 단체가 바로 IPCC야.

IPCC의 보고서를 기반으로 유엔기후변화협약 UNFCC가 생겨났고 이후 기후 행동이 세계적으로 이슈가 되었어. 그런데 이런 추세에 반대하는 정치가가 있었어. 미국의 대통령이면서 기후 변화 부정론자인 부시가 2001년 교토의정서를 탈퇴하는 일이 벌어진 거야. 교토의정서는 1997년 지구 온난화를 막기 위해 이루어진 국제협약으로, 이 협약에 인준한 국가는 여섯 종류에 이르는 온실가스를 스스로 감축해야만 해. 만약 약속을 하고도 지키지 않는다면 그 나라에 비관세 장벽, 곧 무역에 불이익을 주기로 했어.

부시는 기후 변화가 사실인지 과학적으로 확실히 알 수 없고, 중국이나 인도처럼 온실가스를 많이 배출하는 나라에는 감축하라는 의무를 전혀 주지 않는다면 불공평하다고 볼멘소리를 했지. 하지만 이는 모두 사실이 아니야. 기후 변화는 지금은 물론 당시에도 많은 전문가가 인정하는 사안이었고, 오늘날 온실가스가 문제인 것은 중국이나 인도보다 먼저 산업화의 길을 걸은 선진국들의 책임이 크기 때문이지. 실제로 중국이나 인도에서 이산화탄소를 뿜어내는 공장은 선진국들이 하청을 주어 일하는 경우가 많아. 결국 그 나라에서 나오는 온실가스의 책임은 지금도 선진국에 있는 셈이야.

사실 미국 대통령이 교토의정서를 탈퇴한 가장 큰 이유는 미국의 산업과 온실가스의 배출량이 밀접한 관련이 있기 때문이야. 교토의정서에 인준하면 자국의 산업경쟁력이 약해진다는 계산이지. 미국의 공업, 농업, 축산업이 약해지고, 그 분야에 종사하는 사람들의 수입이 줄면 부시의 정치 기반이 약해지겠지? 게다가 미국의 한 정치학자는 분석하길, 미국은 미국 내에 기후 변화에 관한 관련법이 없으면 어떤 국제협약에도 인준하지 않는다는 거야. 국내법이 체결되려면 국민들

우리 정의로운 미국은 기후 변화의 원인이
미국이라는 과학적 증거가 나올 때까지
기후 행동에 동참할 수 없습니다!
왜
교토의정서에서
빠진 거죠?
부시
탈퇴가
정의인가요?
BBD
CMM
BSBB
MCY

사이에 논의가 이루어져야 하는데 그것이 바로 민주주의라고 주장한 거지. 하지만 지구는 뜨거워지는데, 미국 내에 법이 없어서 온실가스를 감축하는 협정에 사인할 수 없다는 주장은 받아들이기 어려워.

결국 부시는 안전한 미래에는 관심이 없고, 자국민의 이익, 그것도 자신이 정치에 얼마나 오래 굳건히 발붙이고 있을 수 있는지에만 관심이 있는 거야. 부시가 이런 근시안적인 결정을 한 데에는 과학적 무식함이 없다고 말할 수 없지.

결국 교토의정서는 미국이 빠진 상태에서 EU를 중심으로 2005년 발효되었고, 이후에도 지속가능한 기후 변화 대응 체제에 대한 논의가 이루어지다가, 온실가스 최대 배출 1~2위인 중국과 미국이 빠진 상태에서 2015년 파리협정이 채택되었어. 파리협정(Paris Agreement)은 2020년 만료되는 교토의정서를 대체할 새로운 기후체제야. 프랑스 파리에서 개최된 제21차 유엔기후변화협약 당사국총회(COP21)는 2주간에 걸친 협상 끝에 예정된 종료시한을 하루 넘긴 2015년 12월 12일 파리협정을 세계 195개 참가국의 만장일치로 채택했어. 그 이후 지금까지 파리기후체제가 이어져 오고 있어.

도대체 이런 협력 체제가 하는 일은 뭘까? 파리협정은 각국이 스스로 기후 변화에 대응하는 계획을 세워 이산화탄소의 양을 얼마나 줄일지 정해서 주기적으로 보고서를 제출하는 것을 의무화하고 있어. 아주 수준 높은 외교협력 관계를 지향하는 거지. 이것이 가능하려면 각 나라는 자국의 산업화 상황을 잘 파악해야 하고, 기업과 국민에게 기후 변화에 대한 교육을 시켜야 하며, 성숙한 시민의식과 기업윤리가 통하는 사회여야 해.

뭐? 너무 꿈같은 소리라고? 그렇지 않아. 현재 이와 같은 과정을 거쳐 실제로 온실가스 감축이 이루어진 곳이 있어. 바로 EU야. 유럽의 국가들은 2050년까지 이산화탄소 배출량을 단계적으로 줄이기 위해 환경관련법을 바꾸었어. 예를 들어 프랑스의 경우 이산화탄소 배출권거래제를 도입해 기업이 법률로 정한 이산화탄소 할당량을 초과할 경우 배출권을 구매하도록 했고, 이를 어길 경우 톤당 100유로의 벌금을 내도록 하고 있어. 시민들은 자가용 대신 대중교통과 자전거를 이용하고 제철과일 먹기와 지역농산물 소비 운동을 하고 있지. 대륙을 건너오는 농산물을 운송하느라 배나 비행기가 배출하는 이산화탄소를 줄이기 위해서야. 이렇게 다방면으로 노력을 하면 온실가스를 줄일 수 있어. 불가능한 일이 아닌 거야.

기후 행동

#2050년까지_이산화탄소배출을_제로로 #재생가능에너지를_쓰자

우리가 걷잡을 수 없을 정도로 기후가 위기 상황에 빠지지 않도록 행동하는 것을 기후 행동이라고 해. 이 말은 스웨덴의 환경운동가 그레타 툰베리(Greta Thunberg, 2003~)로 인해 전 세계인이 더 잘 알게 되었어.

그레타는 기후 변화가 너무나 걱정되고, 지구의 기후가 이렇게 망가지도록 방치한 어른들에게 책임을 묻기 위해 2018년 8월 학교에 가지 않고 '미래를 위한 금요일'이라는 이름으로 1인 시위를 했어. 놀랍게도 많은 청소년이 그 뜻에 동의하고 행동에 나섰어. 하나둘 시위에 동참했고, 얼마 지나지 않아 전 세계의 청소년이 뜻을 같이해 등교를 거부하는 일이 일어났지. 2019년 5월 24일은 미래를 위한 금요일 동맹 휴교일이었는데, 전 세계에서 100만 명이 넘는 청소년이 참여했지 뭐야. 호주, 브라질, 인도, 나이지리아, 파키스탄, 영국, 독일, 일본, 필리핀, 우간다 등 100개가 넘는 나라에서 시위가 일어났어. 이처럼 어린이와 청소년들이 툰베리의 주장에 동의하면서 기후 행동을 촉구하는 시위를 한 이유가 뭘까?

이 지구에서 앞으로 더 긴 시간 살아갈 존재는 바로 어린이와 청소년이야. 그런데 어른들이 화석연료를 마구 태우면서 부를 축적하느라 바빠 지구의 환경 따위는 생각하지 않았어. 결국 어른들은 지구의 미래를 끌어다 쓴 셈이야. 그 피해는 미래의 주인공인 어린이와 청소년이 보고 말이야. 그러니 화가 나지 않겠어?

그래도 모든 어른이 다 비양심적인 것은 아니어서 2015년 '유엔 기후 변화 회의'는 2100년까지 지구 온난화를 2도 이내로 억제하는 내용을 기반으로 한 파리협정을 체결했지. 이를 달성하려면 2030년까지 이산화탄소 배출량을 2010년보다 25퍼센트 줄여야 하고, 2070년에는 0으로 만들어야 해. 이를 순배출 제로(Net Zero Emissions)라고 해. 하지만 2018년 10월 인천 송도에서 열린 IPCC 특별회의는 그래서는 지구 온난화 폭주를 막을 수 없으니 2도가 아니라 1.5도로 더욱 제한해야 하고 이산화탄소 배출량도 2030년까지 45퍼센트, 2050년에 순배출 제로 상태를 만들어야 한다고 제안했어. 이렇게 하려면 무엇을 어떻게 해야 할까?

온실가스가 지구 온난화의 주요 요인이라면 온실가스의 배출을 막아야 할 거야. 온실가스 중 가장 많은 양을 차지하는 것은 이산화탄소이고, 이산화탄소는 화석연료를 태울 때 나와. 자동차, 발전소가 모두 화석연료를 사용하지. 그러니 온실가스 배출을 줄이는 방법은 에너지 전환과 에너지 효율을 높이는 거야.

이를 위해 태양에너지, 풍력, 조력, 지열 등 가능한 모든 방법을 개발해야겠지. 이와 같은 것을 '재생가능에너지(renewable energy)'라 부르는데, 이미 많은 개발이 이루어졌고 설치비용도 낮아져서 널리 이용하게 될 거야.

자동차 엔진의 성능을 높이고, 신호 대기 중에는 시동이 자동으로 꺼지는 기능을 추가하고, 화석연료와 전기 배터리를 함께 사용하는 하이브리드 엔진을 개발하고, 완전히 전기만으로 주행하는 자동차 등을 만들어 온실가스 배출을 줄이고 있어. 좋은 단열재를 써서 냉난방에 드는 에너지를 아끼고, 등은 모두 LED로 바꾸고, 에너지 효율이 높은 가전제품을 개발하는 등 에너지 효율을 높이는 일은 다방면에서 이루어지고 있지.

과학자들은 여기에서 멈추지 않고 20킬로미터 상공인 성층권에 햇빛을 잘 반사하는 탄산칼슘 입자를 뿌려 태양에너지를 반사시킬 계획도 가지고 있어. 또 마이크로미터 수준의 산화철과 바다 운무가 결합한 에어로졸을 만들어 대기의 열을 흡수하고 태양에너지를 반사시키는 방법도 생각하고 있대.

또 북극의 빙하 위에 아주 작고 투명한 유리구슬을 뿌려 태양 에너지의 반사율을 높이는 방법도 거론되고 있어.

그러나 이런 방법들은 과학자들 사이에서도 찬반 논란이 커. 지구 온난화를 막으려고 시도하는 것은 좋지만 반드시 우리가 원하는 결과만 오지 않을 수도 있거든. 자연에는 언제나 변수가 있기 때문이지. 그러니 지금 당장 우리가 할 수 있는 일에 집중하는 것이 좋아. 지구의 미래를 위해서 말이야.

냉장고와 에어컨

#오존층은_지구의방패 #냉매가_방패에구멍을뚫어

온실가스를 줄이기 위해 지금 당장 해야 할 일이 무엇이냐고 물으면 에너지를 생산하는 방식을 바꾸어야 한다는 답이 나올 거야. 그거야말로 온실가스를 줄일 가장 확실한 방법이야. 그런데 말이야, 지구 온난화에 영향을 주는 가스는 이산화탄소만 있는 것이 아니야.

염화불화탄소(CFC), 수소염화불화탄소(HCFC)도 지구 온난화에 영향을 줘. 특히 염화불화탄소는 성층권으로 올라가 오존층을 파괴한다는 것 기억하지? 오존층으로 말할 것 같으면 태양에서 오는 자외선을 흡수하는 오존 분자들이 모여 있는 곳인데, 오존 덕분에 자외선처럼 에너지가 센 빛이 지표까지 내려오지 않아서 지구의 기온이 죽죽 올라가는 것을 막아 주지. 게다가 자외선은 생명체에게는 아주 해로운 빛이야. 오죽하면 빨래를 햇빛에 널면 소독이 된다는 말이 나왔겠어. 오존층이 멀쩡히 있을 때도 균을 죽이는 효과가 있으니 오존층이 사라지면 어떻겠어? 세균만 죽는 것이 아니라 우리처럼 덩치가 큰 생물도 피해를 입어. 아무튼 오존층은 태양 빛을 흡수하는 지구의 방패라고 할 수 있어. 염화불화탄소는 그런 오존층을 파괴하는 거야.

이 물질들을 도대체 어디에서 쓰는 거냐고? 한 번도 본 적이 없다고?

아니야, 우리는 이 물질들과 아주 가까이 붙어서 살고 있어. 냉장고, 에어컨 속에 들어 있거든. 이 물질들은 대표적인 냉매야. 혹시 에어컨 가스가 새서 채워야 한다는 말 들어 본 적 없니? 또는 오래된 냉장고의 경우 음식이 차가워지지 않아 내다 버리는 경우도 있잖아. 이런 현상이 뜻하는 것은 무엇일까? 냉매로 쓰는 기체가 새 나간다는 거야. 새 버린 기체는 어디로 갈까? 높이높이 날아 성층권까지 올라가. 그 탓에 오존층에 큰 구멍이 뚫리는 거지.

사실, 자연스럽게 새 나가는 것보다 더 큰 문제는 에어컨, 냉장고를 폐기할 때 그동안 쓴 냉매를 잘 거두지 않고 냉매통에 구멍을 뚫어 공기 중으로 날려 버리는 관행이야. 얼마나 많은 냉매가 대기 중으로 날아가는지 가늠도 할 수 없어.

주변을 봐. 에어컨 없는 건물이 있나. 수십 년 전만 해도 에어컨은 사치품이었지만 지금은 필수품이야. 또 요즘은 냉장고의 성능이 떨어져 교체하는 것이 아니라 유행에 따라 새것을 들여와. 폐기되는 에어컨과 냉장고에서 나오는 냉매를 제대로 관리하지 않으면 그대로 날아가.

남극의 오존층에 구멍이 뚫린 것을 보고 놀란 사람들은 1987년 오존층 파괴를 예방하고 보호하려고 '오존층 파괴 물질에 관한 몬트리올 의정서(Montreal Protocol on Substances that Deplete the Ozone Layer)', 줄여서 '몬트리올 의정서'를 만들고 오존층을 파괴하는 물질을 더 이상 쓰지 않기로 했어. 하지만 이 물질들은 우리가 쓰지 않는다고 갑자기 사라지지 않아.

과학자들은 이 두 물질을 대체할 수소불화탄소를 만들었어. 그런데 이 물질은 오존층을 파괴하진 않지만 열을 흡수하는 능력이 이산화탄소보다 수천 배나 컸어. 일당 백, 아니 천을 하는 물질이었어. 그러니 이제는 수소불화탄소도 사용을 금지해야 할 판이야.

2016년 10월 170여 개 나라의 사람들이 르완다의 키갈리에 모여 수소불화탄소 문제를 해결하는 회의를 하고 키갈리 개정의정서를 채택했어. 2028년까지 점진적으로 수소불화탄소를 줄여 나가는데, 구체적인 감소 목표와 일정표를 정하고, 이를 어기는 나라에 무역 제재를 가하기로 정하기도 했어.

수소불화탄소를 점차 줄여 나가려면 대체할 물질이 있어야겠지? 프로판이나 암모늄 같은 천연 냉매가 그 자리를 대신할 수 있어. 이미 시판되어 사용되고 있기도 해. 물론 이 천연 냉매는 불이 잘 붙는다는 단점이 있어. 그래서 과학자들은 불이 붙지 않으면서 공기 중으로 날아가도 금방 분해되는 물질을 개발하려고 애쓰고 있어. 수소불화올레핀 같은 물질이 떠오르고 있는데, 많은 과학자가 대기에 해를 주지 않는 냉매 개발에 열을 올리고 있으니 곧 찾을 거야.

전문가들의 예상에 따르면 2030년에는 전 세계에 7억 대의 에어컨이 돌아가고 있을 거라고 해. 그렇다 하더라도 세대마다 에어컨을 두는 것이 아니라 공조시스템을 만들어 냉각기를 공동으로 사용하고, 각 가정에 냉장고를 두지 않고 공동으로 사용하는 냉장고를 두는 것도 방법이 될 수 있을 거야.

전문가들은 냉매를 날려 버리지 않고 잘 관리하는 방법을 찾으려고 애쓰고 있어. 왜냐하면 지금 당장 지구 온난화를 늦출 수 있는 가장 효과적인 방법이니까.

여성

#여성에게_땅과_교육기회를 #아는것이_힘이다

지구 온난화로 인한 기후 변화의 속력을 늦추는 데에는 성평등이 꼭 이루어져야 해. 우선 농사를 주업으로 삼는 농촌의 예를 들어 볼게. 농사짓는 일에는 성별의 차이가 없어. 농번기가 되면 여자든 남자든 밭과 논에 나가서 일을 해. 그런데 저소득 국가의 경우 농사일을 하는 사람의 80퍼센트는 여성이야. 여성들은 남성보다 적은 임금을 받으며 일을 하면서도 대부분 농토는 자신의 것이 아니야.

우리나라 농촌의 사정도 이와 크게 다르지 않아. 대부분의 농지는 남성의 소유로 되어 있기 때문에 토지의 주인인 남성들은 보상금을 받거나 토지를 담보로 돈을 빌릴 수 있지만 여성들은 그럴 수 없어. 농촌의 여성들은 남성과 비교했을 때 토지, 신용, 교육의 기회 등 생산성을 높일 수 있는 일에 접근 가능성이 아주 낮은 거야.

유엔식량농업기구가 조사한 바에 따르면 여성에게 토지의

소유권이 있을 때 농업생산량은 20~30퍼센트 는다고 해. 다시 말해 남의 땅에 농사를 짓는 소작농일 때보다 자신의 땅에

농사를 지을 때 성과가 훨씬 좋다는 거지. 게다가 같은 조건으로 농사를 지을 때 남성보다 생산량이 20퍼센트 정도 더 많았다는 거야.

농촌에서 성평등이 이루어져 재산권, 교육권 등이 남녀에게 동등하게 주어지면 농지를 더 늘리지 않아도 생산량이 늘고, 굶고 있는 사람에게 식량을 줄 수 있어. 식량 생산량을 늘리기 위해 열대우림을 파괴하지 않아도 되는 거지. 제한된 농지에서 생산량을 늘리는 것만으로도 이산화탄소 배출을 줄이는 데 크게 기여하는 거야. 또 농지를 열심히 보살피고 땅의 가치를 높이기 위해 지속가능한 농법으로 농사를 짓기 때문에 이산화탄소를 더 많이 토양에 고정할 수 있어.

유엔식량농업기구에 따르면 여성에게 토지권을 인정한 사회는 생산량이 늘어 더 높은 가계소득을 올리고 협동조합과 같은 공동체 운동에 열의를 가지고 참여하기 때문에 소득의 90퍼센트를 가족과 지역사회를 위해 재투자하는 반면, 남성은 30~40퍼센트만 재투자한다는 거야.

가족과 지역사회를 위한 재투자는 교육 사업이 큰 부분을 차지하는데, 특히 여학생들의 교육이 큰 부분을 차지하고 있어. 2011년 《사이언스》지의 내용에 의하면 교육을 많이 받은 여성일수록 아이를 적게 낳고, 더 건강한 아이를 낳고, 재생산이 가능한 일에 투자를 한다고 해. 오늘날 지구 온난화의 원인 중 하나는 급격히 증가하는 인구야. 인구가 늘어나면 인간의 활동으로 인한 이산화탄소의 배출이 많아질 수밖에 없기 때문이지.

따라서 여학생들을 남학생과 동등하게 교육하는 일은 매우 중요해. 농촌에서 토지권을 가지고 남성과 동등한 위치에 있는 여성은 결혼 시기가 늦어지고 출산 계획의 주도권을 가질 수 있어. 결혼 후에도 건강한 아이를 낳고 아이들은 영양상태가 좋아 건강하게 자라기 때문에 말라리아나 에이즈 같은 병에 걸릴 확률도 아주 낮아. 누구나 토지를 소유할 수 있다는 간단한 기본권 보장만으로도 농촌 사회가 크게 변하는 거야.

도시에서도 마찬가지야. 교육받은 여성일수록 높은 임금을 받고 높은 자리로 승진해서 회사의 이익에 적극 참여할 수 있어. 경제 성장에 이바지하는 거지. 물론 인구 증가를 억제하기 때문에 이산화탄소 배출량이 줄어드는 것은 말할 것도 없고 말이야. 나아가 자연재해를 당했을 때도 교육받은 바에 따라 더욱 능동적으로 대처할 수 있어. 중요한 결정권을 남성에게 맡기지 않는 거야.

여성의 교육은 기후 변화에 극적인 영향을 미쳐. 그래서 기후 행동 전문가들은 기후 변화에 대응하기 위해 반드시 이루어져야 할 사항 가운데 하나로 '성평등'을 꼽고 있어.

걷기

#생활습관을고치도록_도시를설계할것 #걷기의재미가있는환경이_지구를지킨다

2018년 정부가 조사한 바에 따르면 우리나라 인구의 91.8퍼센트가 도시에 살고 있어. 우리나라 도시 면적이 전 국토의 16.7퍼센트인 점을 생각한다면, 우리나라 사람들은 아주 좁은 구역에 우글우글 모여 사는 셈이지. 전 세계의 사정도 이와 크게 다르지 않아. 학자들의 연구에 의하면 2050년이 되면 지구인의 3분의 2가 도시에 살 것이라고 해.

우리는 그동안 기후의 문제는 빙하, 태풍, 바다, 사막과 같은 거대한 자연물의 문제라는 편견을 가져왔어. 기후 변화라는 것이 피부에 와닿지 않기 때문에 그런 거야. 하지만 지구온난화로 인한 기후 변화의 주요 원인은 이산화탄소 배출이고, 지난 200년 동안 대기에 추가된 이산화탄소가 사람들이 화석연료를 쓴 결과라는 점을 생각할 때 인간들이 주로 어디에서 생활하는지 또 어떻게 일상을 살아가는지 파악하는 것이 아주 중요해. 그래야 이산화탄소 배출량을 줄일 방법을 고민할 수 있거든.

우리는 하루에 차를 몇 시간이나 타고 다닐까? 이산화탄소를 배출하는 큰 요인 중 하나는 자동차, 비행기와 같은 운송수단이야. 그러니 차를 타고 다니는 시간을 줄이면 자연히 이산화탄소 배출을 줄이게 되는 거지. 하지만 차를 타는 시간을 무작정 줄일 수만은 없어. 학교, 학원도 가야 하고 도서관이나 영화관도 가야 하고, 친구들과 맛있는 것도 먹으러 가야 해. 그러니 차를 타지 않을 수 없지. 어떻게 해야 할까?

정답은 차를 오래 타지 않아도 되도록 도시를 설계하는 거야. 집, 사무실, 상점, 공원, 카페, 영화관, 도서관 등 사람들이 자주 찾는 곳은 걸어서 갈 수 있도록 작은 도시를 만드는 거지. 보도는 불편하지 않게 넓게 만들고 밤에는 가로등을 켜고 낮에는 뜨거운 햇살을 막아 줄 가로수도 심어야 해. 시민들이 쉽게 이용할 수 있고, 안전하고 편안하다고 느끼도록 보도를 만들어야 하는 거지. 무엇보다 중요한 것은 여기에 흥미라는 요소가 추가되어야 한다는 점이야. 걷는 것이 재미있어야 한다는 거지.

걷는 것에 흥미를 느끼도록 만들어야 한다는 개념은 매우 중요해. 걷는 것을 단순히 한 점에서 출발해 다른 점에 도착하는 일이 아니라 그 자체를 가치 있는 일로 여겨야 하는 거

5-1 무엇보다 걷는 재미를 갖도록 도시를 설계하는 일이 중요해. ©이지유

지. 재미있어야 또 걷고 싶은 마음이 생기겠지? 그러려면 보도 주변에 활력이 넘치는 환경이 조성되어야 해.

보행 가능한 도시는 사람들이 걷도록 만들어. 걸으면 차를 타는 시간이 줄어. 그 결과 교통체증이 감소하고 교통사고도 줄고 시민들의 건강 상태가 전반적으로 좋아져, 고혈압, 고지혈증, 당뇨 같은 생활습관 병이 줄어들어. 사람들의 건강 상태가 좋아지면 의료비용이 줄어. 이 또한 사회에 득이 되는 일이지. 사람들이 걸으면 다른 사람과 접촉할 기회가 많아지고 다양한 시민 참여를 이끌어 낼 수도 있어.

가장 중요한 효과는 차를 타는 시간이 줄어들면서 이산화탄소 배출량이 줄어든다는 거야. 이제 대중교통을 이용하는 것만으로도 충분히 생활해 나갈 수 있는 도시를 건설하는 것은 선택이 아니라 필수 사항이야. 이산화탄소 배출을 줄이는 아주 좋은 방법이니까.

사실 인간은 걷는 동물이야. 사냥할 때는 뛰기도 했을 것이고 말이야. 걷는 것은 가장 기본적인 이동 수단인 셈이지. 보행 가능 도시를 계획하는 사람들은, 어린이들이 걸어서 학교에 가는 것을 아주 중요하게 생각해. 물론 안전하게 말이야. 어릴 때부터 걷는 것은 즐거운 일이고 행복한 일이라는 것을 경험하도록 하는 것이 중요해. 그러다 보면 이산화탄소 배출량이 줄어들지. 걷는 것은 아주 효과가 좋은 기후 변화 대처 방법이야.

재생에너지

#태양바람땅모두_공짜라네 #재생에너지를_상용화할_방법을찾자

이제 화석연료의 시대는 끝났어. 화석연료를 태울 때 나오는 이산화탄소가 기후에 악영향을 미치지 않았더라도 언젠가는 벌어질 일이야. 왜냐하면 화석연료는 유한하니까. 물론 인간이 아주 조금씩 꺼내 썼으면 화석연료의 시대가 훨씬 오래 지속될지도 몰라. 그랬다면 지금처럼 예상할 수 없는 기후 변화 때문에 우왕좌왕할 이유도 없겠지. 하지만 경제 성장에 눈이 먼 미련한 인간들은 미래에 대해 아무런 대책 없이 마구 화석연료를 꺼내 썼고, 그 결과 지구는 황폐해질 위기에 처했어. 미래를 보장할 수 없게 되었지. 잘못은 부모, 조부모가 했는데, 손자들이 대가를 치러야 할 상황이야.

그동안 에너지 전문가들은 석탄을 태워 전기를 얻는 화력 발전을 대체할 방법을 다각도로 모색해 왔어. 기후 변화가 사람들의 관심을 받지 않았더라도 화석연료의 매장량이 유한하기 때문에 에너지 전환이란 꼭 이루어져야 할 일인 셈이지. 그 가운데 가장 관심을 끄는 것은 풍력과 태양에너지야.

풍력 에너지는 바람의 힘을 이용해 바람개비 날개 모양의 거대한 날개를 돌려 전기를 얻는 거야. 날개는 멀리서 보면 그리 커 보이지 않지만 날개 하나의 길이가 82미터에 이르고 무게는 30톤이 넘어. 어마어마하지? 이런 날개가 3개 있으면 돌아갈 때 엄청난 힘이 생기고 이 힘으로 전기를 만들어 내는데, 날개가 한 바퀴 돌 때마다 보통 가정이 하루에 쓸 전기를 만들어.

이만한 풍력발전기를 돌리려면 바람이 얼마나 불어야 할까? 우리가 보통 생각하는 산들바람으로는 이 날개들을 돌릴 수 없어. 아주 센 바람이 불어야 해. 그래서 바닷가나 산등성이에 풍력발전기를 설치하는데, 우리나라에서는 제주도와 강원도에 설치되어 있어. 풍력발전기는 아무 곳에나 설치할 수 없어. 우선 센 바람이 지속적으로 부는 곳이어야 해. 그런 곳이라도 발전기가 큰 만큼 적당한 간격을 두고 지을 수 있는 아주 넓은 땅이 필요하고. 그러니 모든 조건을 갖춘 곳을 찾기 쉽지 않아. 그래도 전기를 만들 바람은 지속가능하고 아무런 공해를 주지 않기 때문에 아주 좋은 대체에너지가 될 수 있어.

태양에너지 역시 아무리 사용해도 사라지지 않는 에너지야. 태양은 날마다 빛나고, 아무리 써도 닳지 않고, 오염물질을 배출하지 않아. 석탄을 연료로 쓰는 화력발전소에서는 이

5-2 자연이 준 선물을 이용하는 것이 우리가 지구에 줄 수 있는 최고의 선물이야. (출처: 위키피디아)

산화탄소는 물론 이산화황, 아산화질소, 수은, 분진 등이 나와서 인근 주민들의 건강을 심각하게 해치고, 농경지에 피해를 줘. 하지만 태양에너지를 쓰면 이런 염려가 없지.

태양광발전단지는 1980년대에 처음으로 세워졌는데, 당시에는 태양 빛을 에너지로 바꾸는 판의 가격이 매우 비쌌지만 이제는 비교적 싼 가격으로 판을 설치할 수 있어. 해만 뜨면 전기가 나오는 시대가 시작된 것이지. 석유나 석탄처럼 유한

한 에너지가 아니라 무한한 태양에너지를 이용하는 태양에너지 문명 시대가 열렸어.

태양광전지판은 이제 웬만한 집의 지붕에도 설치해 한 가정이 쓸 전기는 물론, 남은 전기를 팔 수도 있어. 태양광전지판의 가격이 더욱 싸지면 이런 방식의 발전이 보편화되어 화력발전을 대체할 거야. 하지만 그런 날이 오기 전까지, 또는 그런 날이 오더라도 다양한 경로로 에너지를 얻는 것이 중요해. 뭐든 한 방법에만 의지하는 것은 위험하거든.

그래서 화산이 많은 지역에서는 지열을 이용해 전기를 얻기도 해. 지열로 지하수가 끓어 수증기가 나오면 그 수증기로 발전기를 돌리고, 끓는 물은 그대로 난방에 사용해. 과학자들은 일부러 땅에 구멍을 뚫고 그곳에 물을 주입하는 방법도 생각하고 있어. 지구가 물을 끓여 주길 바라면서 말이지. 이런 일이 가능해지면 해가 뜨지 않는 밤에도 전기를 만들 수 있으니, 지열은 좋은 대체 에너지원이지?

햇빛, 바람, 지열, 모두 공짜야. 아무리 써도 사라지지 않아. 물론 또 다른 오염을 만들지 않도록 발전 방법 개발에 신경을 써야겠지.

기후 정의

#재난은_가난한사람게만 #돈많은사람이_이산화탄소도_많이배출해

2005년 여름 허리케인 카트리나가 미국의 뉴올리언스를 강타했을 때 집이 떠내려가고 많은 사람이 실종되었다는 이야기를 접하면, 몹시 안타까운 마음이 들어. 그런데 말이야, 허리케인이 왔을 때 침수되는 지역은 제방 근처인데 누가 이곳에 살았을까? 제방 근처는 상습적으로 침수되었을 테니 조금 높은 곳에 집을 살 수 있는 사람은 거기에 살지 않아. 가난한 흑인들은 위험한 줄 알았지만 그곳에 살 수밖에 없었어.

피해 복구 과정은 보기에는 공평해 보였어. 피해액의 일정 퍼센트를 주는 형식으로 이루어졌거든. 그런데 이게 공평하지 않은 것이, 부동산 가치가 큰 곳에 살던 사람과 그렇지 않은 사람은 절대 보상액이 다를 수밖에 없잖아? 원래 비싼 집에 살았던 사람은 많이 받고 싼 집에 살았던 사람은 적게 받은 거지. 그러니 이것은 불공평한 보상이야. 즉, 자연재해로 인한 피해와 보상 과정에 차별이 있었던 거야.

가만히 생각해 보면 기후 변화로 카트리나처럼 무시무시한 허리케인이 생겼을 때, 기후 변화에 대한 책임은 누가 더 많이 져야 할까? 돈이 있는 사람과 돈이 없는 사람 중에 말이야. 당연히 돈이 있는 사람이겠지. 왜냐하면 에어컨을 틀어도 더 많이 틀었고, 냉장고, 자동차, 각종 공산품과 식료품 등 한 사람이 배출한 이산화탄소의 양은 돈 많은 사람이 훨씬 크기 때문이야. 하지만 피해는 돈 없는 사람이 더 크게 보고 보상을 받을 때는 모두 같은 비율로 받아. 이건 불공평해.

여기서 중요한 것은 '기후 변화는 모두에게 공평한가?'에 대해 생각해야 한다는 점이야. 정의를 바탕으로 기후 변화를 생각해야 한다는 것이지. 이를 두고 '기후 정의'라고 해.

어디서 많이 들어 봤다고? 맞아. '환경 정의'라는 말이 있어. 기후 정의는 환경 정의에서 나온 개념이야. 이 개념 역시 '환경문제는 모두에게 공평한가?'라는 질문에서 출발했지. 환경 정의는 1980년대 미국의 노스캐롤라이나주 워런 카운티에서 벌어진 어떤 사건 때문에 생겨났어. 원래 이곳은 상수원 보호 지역이었어. 그런데 주정부에서 이곳에 폐기물 매립장을 짓기로 결정한 거야. 지역주민들은 당연히 반발했고 고소를 했어. 하지만 법원은 이를 기각하고 폐기물 매립장을 지어도 좋다는 허가를 내주었지. 환경운동가들은 이곳이 상수원 보호구역이라 폐기물매립지로 쓸 수 없음에도, 흑인빈곤지역이라 허가를 내주었다고 여겨 환경인종차별주의를 대대적으

로 주장했어. 만약 그곳에 돈 있는 백인이 살았다면 당연히 폐기물매립장을 만들지 않았을 테니 말이야. 혐오시설을 지

정할 때 환경적 안정성보다 인종주의에 기반을 둔 정치적 유착관계가 있었다는 것이지. 이때부터 환경 운동과 인권 운동을 결합해 환경정의운동이 시작되었어. 기후 정의는 환경 정의의 연장선상에 있는 거야.

기후 변화로 인해 생긴 피해는 개발도상국과 빈곤층들의 몫이 될 수밖에 없어. 선진국은 기후 변화로 인한 자연재해의 피해를 막거나 수습하기 위한 대비가 비교적 잘되어 있어. 하지만 과학기술에 투자를 할 수 없는 개발도상국의 경우 재해를 대비할 기술적 준비가 되어 있지 않은 경우가 많아. 결국 기후 변화 때문에 생긴 쓰나미나 홍수와 같은 자연재해로 피해를 입을 수밖에 없지. 기후 변화를 유발한 온실가스 배출은 선진국이 더 많이 했지만 책임은 개발도상국과 같이 지자니, 뭔가 좀 이상하지?

이와 같은 불평등을 해결할 방법은 간단해. 그동안 이산화탄소를 많이 배출하면서 경제 성장을 이룬 선진국이 기금을 조성해 개발도상국이 기후 변화로 인한 피해를 극복할 수 있도록 도와주는 거야. 선진국이 이룬 풍요로운 경제는 자신들만의 힘으로 가능하지 않았어. 가난한 나라에 공장을 세우고 그곳에 있는 인적·물적 자원을 이용해 얻은 성공이야. 그러니 도와주는 것이 아니라 꾼 것을 갚는다고 보는 것이 옳아.

그것이 꼭 돈의 형태가 아니더라도 말이야.

이와 같은 선한 의지를 실현하지 않으면 미래의 지구는 없어. 지속가능한 지구의 미래를 위해 우리 모두 화이팅!

참고문헌

《기후변화의 과학과 정치》 정진영 편, 경희대학교 출판문화원, 2019

《대기과학》(제10판) 프레드릭 루트겐 외 지음, 안중배 외 옮김, 시그마프레스, 2009

《천문학 및 천체물리학》(제4판) 마이클 제일릭 외 지음, 강혜성 외 옮김, 센게이지러닝 코리아, 2015

《키워드로 보는 기후변화와 생태계》 공우석 지음, 지오북, 2012

《파란하늘 빨간지구: 기후변화와 인류세, 지구 시스템에 관한 통합적 논의》 조천호 지음, 동아시아, 2019

《푸른 행성 지구: 지구계과학 입문》(제3판) 브라이언 스키너 외 지음, 박수인 외 옮김, 시그마프레스, 2013

홀로세 지구 기온 변화에 관한 참조 기사

http://www.realclimate.org/index.php/archives/2013/09/paleoclimate-the-end-of-the-holocene/